# 보통의

우리가 알
아
야
할

# 과학

세상 돌아가는 걸 알려주는 사회학자의 생존형 과학 특강

# 보통의

우리가 알아야 할

# 과학

윤석만 지음

타인의사유

외국어를 배우지 않고도 다른 나라 사람들과 소통할 수 있다면 어떤 기분일까요? 전 세계인들이 우리의 역사를 배우고 선조들의 지식을 얻기 위해 공부한다면 얼마나 신이 날까요? 내가 가는 길, 우리가 사는 방식이 세계의 표준이 된다는 것은 매우 흥분되고 짜릿한 경험일 것입니다.

　　로마 제국부터 팍스 아메리카, 소크라테스부터 르네상스의 수많은 지식인, 일상에 깊이 파고든 교회·성당부터 할리우드까지, 우리의 삶은 서구의 것들로 가득 채워져 있습니다. 인류사에 끼친 서구 문명의 영향력은 세계 곳곳에 뻗쳐 있죠.

　　7만 년 전 아프리카의 초원에서 '인지 혁명'을 통해 '생각하는 동물'로 거듭난 사피엔스는 유럽을 거쳐 베링해를 건너 알래스카로 넘어갔고, 1만5000년 전에는 남미의 파타고니아까지 도달했습니다. 한 뿌리에서 나온 인류는 각자의 환경에 적용해 다양한 인종과 문화로 진화했죠. 여기서 한 가지 의문이 생깁니다. 분명 똑같은 유전자를 지닌 인류인데, 왜 소수의 문명만이 세상의 중심이 됐을까요? 5세기 멕시코·과테말라 일대에서 전성기를 구가했던 마야 문명은 왜 서구 문명 앞에 무력하게 무너져야 했을까요? 반면 기원전 5세기 조그만 도시 국가였던 아테네의 학문과 예술, 건축은 어떻게 2500년이 지난 지금까지 우리에게 깊은 영감을 줄까요?

근세에 이를 때까지만 해도 중국은 언제나 초일류 강대국이었습니다. 1405년 정화는 명나라 황제의 뜻에 따라 62척의 함선과 2만7800명의 병사를 거느리고 첫 항해에 나섰습니다. 동남아를 거쳐 인도의 캘리컷, 실론(스리랑카) 섬을 들렀고, 일곱 차례의 원정을 통해 아프리카까지 다녀왔습니다. 정화의 함선은 제일 큰 것이 1500톤급으로, 80여 년 후 콜럼버스의 산타마리아호(200톤급)보다 압도적이었습니다.

흔히 인류의 4대 발명품이라 불리는 종이, 화약, 나침반, 인쇄술도 중국에서 처음 만들어졌죠. 춘추전국시대의 중국은 공자·맹자를 비롯한 제자백가들이 학문의 꽃을 피웠습니다. 제나라 명재상 관중은 기원전 7세기에 이미 정전제를 실시하고 화폐를 유통시켜 상업을 장려하며 제국의 시스템을 만들었습니다. 기원전 3세기 동양 최초의 제국으로 도약한 진나라는 군사력과 경제력 모두 비슷한 시기의 로마 제국과 견주어도 손색이 없을 만큼 뛰어났습니다.

그런데 왜 오늘날의 세계는 중국, 나아가 한국·일본을 포함한 동양이 아닌 서구 문명이 중심일까요? 역사를 곰곰이 따져 보면 근세 이후 동양이 아닌 서양 문명을 중심으로 세계가 발전한 것은 인종과 문화의 차이라기보다는 당대의 시대적 상황과 운 fortune의 영향이 컸다고 볼 수 있습니다.

만일 정화의 함대가 아프리카를 돌아 대서양으로 향하면서 스페인·포르투갈의 함선과 마주쳤다면 어땠을까요. 오스만 제국이 유럽과 인도의 교역로를 가로막아 향신료 수입을 어렵게 하지 않았다면[1] 역사는 어떻게 달라졌을지 모릅니다. 200년 앞서 몽골 제국이 지속돼 유럽과 아시아의 문화를 융합했다면 "당신들이 믿지 못할 것을 알기에 나는 내가 본 것의 절반도 쓰지 않았다"는 마르코 폴로의 말처럼 동양의 문명이 서양을 압도했을 수도 있습니다.

그러나 인류 역사의 발전을 단순히 운과 우연에 맡기는 것은 언론인으로서도, 사회 과학을 전공하는 사람으로서도 너무 무

---

[1] 15세기 오스만 제국이 유럽과 인도를 잇는 교역로를 막으면서 지중해 무역으로 번성했던 이탈리아의 도시 국가들이 쇠퇴하기 시작한다. 지리적으로 유럽의 끝부분인 이베리아 반도에 있던 스페인과 포르투갈은 이를 기회 삼아 지중해가 아닌 새로운 해상 교역로를 찾아 나섰다. 신대륙 발견의 두 주인공인 아메리고 베스푸치와 크리스토퍼 콜럼버스는 모두 이탈리아인이었지만 스페인 함대를 이끌었다.

책임한 일입니다. 현상을 냉정하게 바라보는 기자로서, 문명과 역사를 인과 관계로 설명하는 사회학자로서 제가 얻은 결론은 두 가지입니다. 문명이 발전하고 확산되기 위해서는 '지식'과 '시장'이 있어야 한다는 것이죠.

지중해를 중심으로 번성했던 이탈리아의 도시 국가들은 유럽의 심장이었습니다. 십자군의 길목이었고, 전 유럽에서 거둬들인 교황의 자금이 몰린 곳이었죠. 다양한 문화가 교류하며 새로운 것이 창출될 수 있는 좋은 환경도 갖췄습니다. 이어진 대항해 시대에는 아메리카 대륙의 발견으로 자신들의 지식을 확산시킬 수 있는 시장을 전 세계로 넓혔습니다. 네덜란드 상인들이 자본주의를 발전시키고 글래스고의 애덤 스미스가 『국부론』을 쓴 것은 결코 우연이 아닙니다.

지식도 마찬가집니다. 이미 15세기부터 유럽은 르네상스와 함께 지식의 꽃을 화려하게 피우기 시작했습니다. 고대 그리스의 전통과 문화를 되살리며 인문학이 발전한 것은 물론이고 지중해 무역을 중심으로 다양한 문화가 교류하며 자연 과학도 큰 발전을 이룹니다. 인간의 근원을 탐구하는 인문학과 달리 자연 과학은 자연의 원리를 밝히려 애씁니다. 이를 현실에 적용한 기술은 생산성을 높이고 새로운 시장을 창출합니다. 또 무기를 발달시켜 외교 관계에서 우위를 점하도록 해주죠.

2차 대전을 전후로 미국이 초강대국으로 올라서게 된 것도 같은 이유입니다. 전체주의의 탄압과 내전의 혼란 등을 피해 망명한 지식인, 청교도 정신에 입각한 실용적 기술의 발전, 세계화와 함께 시작된 거대 시장의 창출이 오늘날 팍스 아메리카나를 만든 핵심 원인입니다.

이처럼 근세의 시작과 함께 서양 문명이 글로벌 스탠다드로 자리 잡은 이유는 지식과 시장, 두 요인의 역할이 매우 컸습니다. 그중에서도 자연 과학의 발전, 즉 '과학 혁명'이 동서양의 운명을 가른 결정적 변수였던 것이죠. 영국의 역사가 허버트 버터필드 케임브리지대 교수는 "과학 혁명은 기독교의 출현 이래 역사상 가장 중요한 사건"이라고 했습니다. 이전까지 역사학자들은 르네상스와 종교 개혁으로 중세와 근대를 구분했지만 이는 서양사에 국한된 이야기입니다. 그래서 버터필드는 보편적 인류의 관점에서 과학의 급격한 발전이 시작된 17세기 전후로 시대를 구분하자고 제안했죠.[2]

---

2    허버트 버터필드, 『근대과학의 탄생』, 1946.

실로 유럽의 17~18세기는 신의 뜻이라고 여겨왔던 자연의 원리를 해석하는 데 있어 엄청난 성과를 거뒀습니다. 갈릴레오 갈릴레이는 코페르니쿠스의 지동설을 논리적으로 규명해 우주의 중심을 바꿔놓았죠. 만유인력을 발견한 아이작 뉴턴은 세 가지 운동 법칙[3]을 수립하고 행성의 타원 운동을 수학적으로 설명했습니다. 이는 19세기 진화론(찰스 다윈)과 원자의 발견(어니스트 러더퍼드), 20세기 상대성 이론(앨버트 아인슈타인) 등으로 이어지며 과학의 시대를 열었죠.

그러나 비슷한 시기 중국의 과학은 상대적으로 정체돼 있었습니다. 근대 초기까지만 해도 서양보다 거의 모든 분야의 지식에서 앞서 있었지만, 서양의 과학 혁명 이후 전세가 역전된 것이죠. 이는 한국도 마찬가집니다. 『고려사』에는 문종 27년1073년 "모과만한 크기의 밝은 별이 하늘에 출현했다"며 초신성의 폭발을 기록할 만큼 천문학이 발전해 있었죠. 이는 그 당시까지 세계에서 유일한 초신성 관측 기록입니다.[4]

특히 조선은 명나라를 제외한 주변국과의 외교를 등한시

---

[3]  관성의 법칙, 힘과 가속도의 법칙, 작용 · 반작용의 법칙.
[4]  경희대 후마니타스 교양교육연구소, 『우리가 사는 세계』, 2015.

하고 실용적인 기술보다는 성리학적 가르침에 매몰돼 있었습니다. 반면 전통적으로 무인이 권력의 정점에 있던 일본은 100여 년간의 전국 시대를 거치며 포르투갈과 네덜란드 등에서 신기술을 대거 들여왔고 비약적 발전을 이룹니다. 경제력과 군사력 모두 조선을 압도했던 일본은 급기야 임진왜란을 일으키죠. 조선에서도 한때 과학과 실학이 붐을 일으키기도 했지만 유교적 세계관에 가로막혀 지속적 발전을 이루지 못했습니다. 그 결과 우리는 오랜 시간 열강의 틈바구니에서 갖은 고초를 겪어야 했죠.

이처럼 근대 이후의 세계에서는 자연 현상의 원리를 탐구하는 과학과 이를 현실에 적용한 기술이 문명 발전의 핵심 역할을 했습니다. 6·25 전쟁 이후 한국도 눈부신 과학·기술의 발전에 힘입어 선진국의 반열에 올랐습니다. 현재 우리는 반도체와 원전 등 첨단 기술에서 독보적인 위치를 점하고 있죠. 이처럼 과학은 사회 변화의 중요한 독립 변수입니다. 반대로 새로운 사회 흐름이 과학의 발견을 이끌기도 하고요. 앞으로 인공 지능으로 대비되는 기술 혁명 시대에는 과학의 중요성이 더욱 커질 것입니다.

이미 우리는 과학과 떼려야 뗄 수 없는 삶을 살고 있습니다. 그렇다면 과학 전공자가 아닌 우리는 전문적인 지식을 습득하기보다 그 원리와 개념을 이해하고 사회적 맥락 속에서 해석하는 능력을 갖추는 게 더욱 중요합니다. 반대로 전공자인 경우는 과학이 사회적으로 어떤 의미를 갖는지 인문적 관점에서 고민할 필요가 있습니다.

지금 여러분의 손에서 책을 놓으면 어떤 일이 벌어질까요. 아마도 책상이나 바닥으로 떨어질 것입니다. 이것은 기쁜 일인가요, 슬픈 일인가요, 아니면 좋은 걸까요, 나쁜 걸까요? 자연의 원리를 이론화한 과학과 이를 현실에 적용한 기술은 그 자체로서 방향성을 갖고 있지 않습니다. 여기에 가치를 부여하는 것은 인간입니다. 사회적 맥락 속에서 과학이 해석되고 의미가 정해지는 것이죠.

그렇기 때문에 과학과 철학·역사학·예술·문화 등의 융합이 필요합니다. 자신이 연구한 과학 기술이 히로시마·나가사키에 떨어진 원자 폭탄에 쓰인 걸 후회한 오펜하이머는 훗날 반핵 운동가로 전향합니다. 순수한 탐구욕에 불타 원폭 기술을 개발했지만 정작 인류의 행복 증진을 위해 쓰여야 할 과학이 한 번에 수십만 명의 목숨을 앗아가는 장면을 보고선 가치와 철학의 중요성을 깨달은 것이죠.

'과학을 한다'는 것은 과학적으로 생각하고 행동하는 일을 의미합니다. 즉, 현상을 객관적으로 관찰하고 이성적으로 가설을 세우며 합리적으로 실험·검증하는 것이죠. 해와 달이 뜨고 지는 것은 누구나 관찰할 수 있지만, '지구가 태양 주위를 돈다'는 가설을 세우기는 어렵습니다. 나아가 천체의 움직임에 대해 가설을 세우고 논증하는 것은 더욱 힘든 일입니다. 이런 과학의 여정 속에 어떤 이는 이단에 몰려 화형을 당했고, 누군가는 법정에서 조용히 '그래도 지구는 돈다'고 되뇌었습니다. 이런 업적들이 모여 오늘날 현대 문명을 이룩했죠.

과학 이론은 끊임없이 공격받고, 그 과정에서 굳건히 방어에 성공한 이론은 정설로 평가받으며, 그렇지 못하면 새로운 이론이 나타나 왕좌를 차지합니다. 아이러니하게도 과학 이론은 반박할 수 있어야만(반증가능성) 제대로 된 이론입니다. 반박이 불가능한 것은 신의 뜻이거나 종교적 교리인 것이죠.

반증될 수 없는 의견, 절대적인 진리는 세상에 존재하지 않습니다. 이런 열린 사고를 갖고 '지적 겸손'의 자세를 취하는 것이 과학적 사고의 시작입니다. 이 책에선 인류 역사에 혁혁한 공을 세운 과학 이론과 과학자의 삶이 사회적으로 어떤 영향을 끼쳤는지 역사와 인문, 미래의 관점에서 조망해 보겠습니다. 이를 통해 과학적으로 사고하는 습관이 우리 몸에 한층 더 스며들 수 있기를 기원합니다.

# Contents

/

천사와
악마,

과학의
시대는
어떻게
열렸나

"바티칸은 빛으로 소멸된다. 과학의 제단에 너희를 제물로 바쳐 교회를 무너뜨릴 것이다." 영화 『천사와 악마』에 나오는 주인공의 말입니다. 이 영화는 『다빈치 코드』로 유명한 댄 브라운의 동명 소설을 원작으로 하는데, 브라운의 세계관은 그의 다른 작품 『인페르노』, 『오리진』 등에도 잘 표현돼있듯 종교와 과학의 대립을 근간으로 삼고 있습니다. 신의 뜻으로 인간의 본성을 억압해 온 중세 교리와 이를 과학의 힘으로 벗어나려는 인간의 자유 의지를 대결 구도로 내세우고 있죠. 스릴 넘치는 이야기도 매력이지만, 근대 과학의 시작이 어떻게 이뤄졌는지 함께 엿볼 수 있어 더욱 흥미롭습니다.

　　『천사와 악마』의 시작은 교황의 서거 장면입니다. 전 세계

에서 애도의 물결이 이는 가운데 추기경들이 모여 '콘클라베'[5]를 벌이죠. 그러나 새 교황을 뽑는 회의가 진행되는 사이 가톨릭의 심장인 바티칸에선 엄청난 일이 벌어집니다. 유력한 교황 후보 4 명이 납치되고 반가톨릭 단체의 상징인 앰비그램Ambigram[6]이 나타 난 거였죠.

한편, 비슷한 시각 세계 최대의 과학 연구소인 유럽입자물리연구소CERN에선 우주의 탄생을 재현하는 빅뱅 실험이 성공합니다. 이를 통해 강력한 에너지원인 '반물질antimatter'을 개발하게 되는데, 실험이 끝난 직후 책임 연구자가 피살되고 반물질이 도난당하는 사건이 발생합니다.

반물질은 양성자·전자 등 소립자에 반하는 물질을 말합니다. 기존의 물질세계와 반대로 전자가 '+전하'를 갖거나 양성자가 '-전하'를 갖고 있죠. 반물질이 우리가 사는 현실 속의 물질과 접촉하면 질량이 모두 에너지로 전환돼 거대한 폭발력이 생깁니다. 반물질 1g은 일본 나가사키에 떨어진 원폭보다 큰 피해를 줄 만큼 그 위력이 세죠.

영화는 납치된 추기경들과 도난당한 반물질을 찾아내려는 기호학자 로버트 랭던 박사의 활약을 그렸습니다. 랭던은 댄 브라운의 세계관에서 해결사 역할을 하는 하버드대 교수인데, 사건을 풀어나가는 중 교황이 자연사한 게 아니라 암살된 거라는 사실을 밝혀내고 그 배후에 '일루미나티Illuminati'가 있다는 것을 알

---

5    교황을 선출하는 전 세계 추기경들의 회의.
6    거꾸로 봐도 같은 단어로 읽히는 글자나 도형.

게 됩니다.

## 일루미나티의 원조는 갈릴레이?

일루미나티는 라틴어로 '계몽하다, 밝히다'란 뜻을 지닌 비밀 결사 조직입니다. 이 조직에 대해서는 여러 설이 있는데, 역사에서는 주로 18세기 독일 바이에른주에서 창시된 광명회를 원조로 봅니다. 철학자인 아담 바이스하우프트Adam Weishaupt가 1776년 만든 광명회는 인간 이성을 중시하며 왕정과 교회가 중심이 된 기득권 체제를 무너뜨리려 했습니다. 위협을 느낀 사회 지도층은 이 단체를 탄압하기 시작했고, 그 때문에 비밀 결사로 바뀌었다고 합니다.

그러나 예술적 상상력은 이 작품 속에서 일루미나티의 원조로 갈릴레오 갈릴레이1564~1642를 소환해냅니다. "그래도 지구는 돈다"는 말로 유명한 갈릴레이는 지동설을 주장해 종교 재판을 받았죠. 1633년 교황청으로부터 이단으로 판결 받은 그는 1642년까지 구금돼 있다 사망합니다. 생전에 갈릴레이는 교황청으로부터, 지동설을 주장하는데 할애한 만큼 천동설에 대해서 설명하라는 강압적인 요구를 받았다고 합니다.[7] 하지만 갈릴레이가 이를 거부하자 교황청은 그를 이단으로 심판했습니다.

사실 지동설에 대해서는 잘 알다시피 갈릴레이보다 100년 앞서 먼저 주장한 사람이 있습니다. 바로 니콜라우스 코페르니쿠스1474~1543죠. 그는 지동설에 대해 평생 연구했습니다. 하지만 교회의 핍박을 두려워했던 그는 지동설을 정리한 책『천구의 회전에 관하여』를 임종 직전에야 출간했습니다. 책 서문에서 "나의 연구에 대한 그들의 무모한 비판을 경멸한다"고 썼죠.

코페르니쿠스는 교회로부터 갈릴레이와 같은 큰 화를 당하진 않았습니다. 당시 지동설은 학계는 물론 일반 대중들 사이에서도 큰 설득력을 얻지 못했기 때문입니다. 교회도 핍박의 수위가 그리 높진 않았고요. 실제로 코페르니쿠스의 책이 금서에 오른 것도 그가 죽고 수십 년이 지난 뒤였습니다.

하지만 지동설에 대한 과학자들의 연구는 계속됐고, 이를 믿는 대중들도 점차 많아졌습니다. 교회가 이를 예민하게 받아들이기 시작하면서 17세기의 마지막 해인 1600년에 '브루노의 정

---

[7] 김희준 서울대 화학과 교수, 「과학과 종교의 갈등」, 『지식의 지평』 4, 2008, 108~123.

죄La purga de Bruno' 사건이 발생합니다. 라틴어로 'purga'는 죄를 깨끗이 한다는 뜻으로 '숙청'을 의미합니다. 영어 표현 'purge'가 여기서 유래했죠.

도미니코 수도회의 수도자이자 과학자였던 조르다노 브루노1548~1600는 지구의 공전은 물론 자전까지 주장했습니다. 태양처럼 스스로 빛나며 공전의 중심이 되는 항성과 항성 주위를 돌며 자전하는 행성을 구분했죠. 또 당시 통념과는 반대로 우주가 무한하다고 주장했습니다. 그의 이론은 매우 혁신적이었기에 가톨릭교회는 그를 8년이나 가둬뒀습니다. 그리고 종교 재판을 열어 화형에 처합니다.

영화 속에서는 이를 일루미나티 소속 과학자들이 교회에

의해 십자가 낙인이 찍혀 공개 처형을 당한 것으로 표현합니다. 그 때부터 과학의 이름으로 종교를 거부하는 본격적인 비밀 결사 활동이 시작됐다는 거죠. 또한 여기에 앙심을 품은 일루미나티가 교회와 계속 갈등을 벌여왔고, 급기야 교황을 암살한 뒤 반물질을 훔쳐 테러를 일으킨다고 묘사하고 있습니다.

## 행성은 타원으로 돈다

코페르니쿠스와 갈릴레이의 주장에도 사람들이 지동설을 믿지 않았던 이유 중 하나는 밤하늘에서 관측되는 다른 행성의 크기가 그때그때 달라진다는 점 때문이었습니다. 만일 지구가 태양을 도는 것이라면 태양의 크기는 늘 같아야 하기 때문이죠.

이런 모순을 처음 과학적으로 설명해낸 사람이 독일의 유명한 천문학자 요하네스 케플러1571~1630입니다. 티코 브라헤1546~1601[8]가 관측한 천문 자료를 보던 케플러는 지구가 태양 주변을 타원 모양으로 돌고 있다는 점을 발견합니다. 쉽게 말해 고깔모자를 수평으로 자르면 원이 되지만, 이를 비스듬히 자르면 타원이 된다는 건데요, 이는 원의 중심이 한 곳이냐, 아니면 두 곳이냐의 차이입니다.

예를 들어 컴퍼스로 원을 그릴 때 하나의 중심에서 한 바퀴

---

[8]  덴마크의 천문학자. 초신성을 발견하는 등의 업적을 남겼으며, 요하네스 케플러의 스승이다.

돌리면 완전히 동그란 원이 나옵니다. 원의 경계와 중심까지의 거리는 모두 같습니다. 반면 하나의 중심에서 일부만 원을 그린 후 다른 곳으로 중심을 옮겨 첫 번째 원과 맞닿도록 두 번째 원을 이

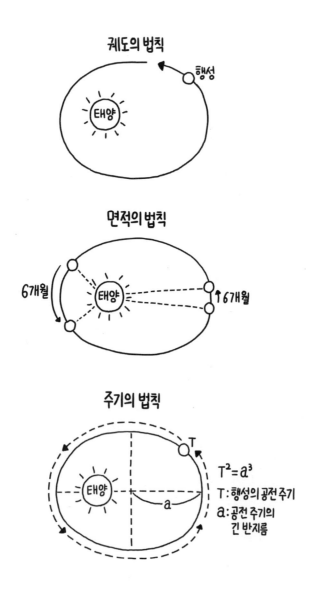

어 그리면 이번엔 길쭉한 모양의 타원이 나옵니다.

이처럼 타원 궤도로 지구가 태양을 돌고 있다고 설명한 사람이 케플러였습니다. 행성 궤도에는 2개의 초점이 있고 그중 하나가 태양이라는 것이 케플러의 첫 번째 법칙인 '궤도의 법칙'입니다. 이때 태양의 가까운 곳을 지날 때는 공전 속도가 빨라지고, 먼 곳을 지날 때는 속도가 느려집니다. 그래서 태양을 중심으로 같은 기간 동안 지구가 공전한 궤도의 면적을 그려보면 그 넓이가 똑같게 나오는데, 이것이 바로 '면적의 법칙'입니다. 이와 더불어 공전 주기의 제곱은 궤도 반지름의 세제곱에 비례한다는 '주기의 법칙'까지 케플러의 세 가지 법칙이 완성됩니다.

이처럼 코페르니쿠스와 갈릴레이, 케플러 등으로 이어진 과학적 성과들로 인해, 문명의 태동 이후 수천 년간 천체 이론의 왕좌에 있던 천동설이 무너지고 지동설이 그 자리를 차지하게 됩니다.

## 종교와 과학의 싸움

실제 역사에서도 종교와 과학의 싸움은 끈질기게 계속됐습니다. 하지만 과학의 발전 속도가 빨라지면서 종교는 점차 그 힘을 잃어갑니다. 갈릴레이가 죽은 지 115년 만에 그가 쓴 『두 가지 세계관의 대화』가 가톨릭 금서 목록에서 해제됐고, 1992년 당시 교황인 요한 바오로 2세는 교황청이 그를 박해한 것에 대해 사죄했습니다.

실제로 1999년에는 교황이 코페르니쿠스의 고향을 방문해 사과의 뜻을 밝히기도 했습니다. 당시 교황은 이제 종교계에서도 지동설의 타당성에 의문을 갖는 사람은 없다고 했죠. 그러나 종교와 과학은 인류가 어떻게 태어났는지를 놓고 여전히 대립 중입니다.

사실 종교와 과학은 오랜 기간 갈등과 탄압의 역사를 반복했습니다. 그 이유는 상대의 주장을 인정하는 것이 자기 존재의 본질을 위협하는 '모순율'[9]로 받아들여졌기 때문입니다. 16세기 유럽에서 가톨릭은 우주의 중심이 지구라 믿었고, 갈릴레이와 브루노는 태양이라고 생각했습니다. 천동설은 곧 신의 뜻이었기에, 정반대 주장을 하는 과학은 불경스럽게 보일 수밖에 없었죠.

종교와 과학이 본질적으로 다른 점은 신념과 실증의 차이입니다. 단적으로 말해 종교는 '믿고 보는 것'이며, 과학은 '보고 믿는 것'입니다. 그렇기 때문에 종교는 신념을 재판대에 올리고, 과학은 실증적 근거로 판결을 내립니다. 칼 포퍼[10]는 과학을 판단하는 기준으로 '반증가능성Falsifiability'을 제시했습니다. 아이러니하게 들릴지 모르지만 "언제든지 새로운 증거에 의해 부정될 수 있는 이론이어야만 과학"이라는 게 포퍼의 설명이죠. 절대 불변의 진리는 종교적 신념 속에만 존재하기 때문입니다.

---

[9]  동일율, 배중률과 함께 아리스토텔레스가 주장한 논리학의 3대 원리. A라는 명제가 있을 때 'A는 A가 아니다'는 주장은 성립하지 않는다. 반대로 'A는 A가 아닐 수 없다'는 설명은 늘 참이 된다.

[10]  영국의 과학 철학자. 객관적 지식과 이를 위한 비판적 논증을 강조했다.

    이렇게 보면 1600년간 진리로 받아들여졌던 아리스토텔레스와 프톨레마이오스의 천동설이 왜 과학이 아닌지 명확해집니다. 천동설은 지구를 우주의 중심으로 했을 때 화성과 금성의 공전이 때때로 역행한다는 걸 설명할 수 없었습니다. 그래서 공전 궤도 안의 또 다른 공전 궤도인 주전원_epicycle[11]이란 개념을 도입했죠. '우주의 중심은 지구'라는 불변의 진리를 전제해놓고 거기에 각종 이론을 끼워 맞춘 겁니다. 즉, 반대되는 새로운 증거가 나타나면 언제든 그 이론이 깨질 수 있다는 '반증가능성'이 존재하지 않았던 거죠.

    하지만 갈릴레이는 자신이 만든 망원경으로 목성과 위성의 움직임을 관측하면서 지구가 중심이 아니라는 실증을 이끌어

---

[11]    하나의 큰 원 위를 따라서 중심이 계속 이동하는 원.

냈습니다.[12] 물론 종교적 신념이 투철한 교회와 당시 과학자로 불렸던 진리의 맹목적 추종자들은 이를 받아들이지 않았지만, 그들의 저항은 오래 가지 못했습니다. 과학의 영역 안에서는 설득력 있는 새로운 실증이 나타나면 진리라고 믿어왔던 이론들조차 쉽게 폐기될 수 있습니다.

이런 반증가능성이야말로 새로운 세상을 열 수 있는 혁신의 열쇠가 됐고, 과학은 인류 문명의 비약적 발전을 이끌었습니다. 반증가능성이 없다면 새로운 시도도, 발전의 계기도 없었겠죠. 그 결과 현재 우리는 과거 인류가 한 번도 겪어보지 못했던 풍요로운 세상을 살게 됐습니다.

## 우리는 얼마나 이성적인가

그런데 여기서 문득 한 가지 의문이 떠오릅니다. 지금의 시대가 브루노와 갈릴레이를 탄압했던 16~17세기보다 성숙하고 지혜로운가 하는 질문입니다. 맹목적 신념과 독선적 진리로 이성과 합리가 마비됐던 당시 사람들과 비교해, 과연 우리가 더 나은가 하는 거죠. 현대인들이 알고 있는 지식의 총량은 그들보다 훨

---

[12] 보통 '인식의 대전환'을 '코페르니쿠스의 전환'이라고 한다. 그만큼 코페르니쿠스의 지동설이 당시에는 충격적이었다는 뜻이다. 하지만 엄밀히 말해 지동설을 뒷받침할 수 있는 근거를 실증을 통해 증명한 사람은 갈릴레이다. 직접 만든 망원경으로 지동설을 입증했다. 그러므로 근대 과학의 문을 연 사람을 한 명 정하라면 코페르니쿠스보다는 갈릴레이로 보는 게 맞다.

씬 많을지 모르지만, 지금도 우린 여전히 독선과 맹목으로 진리를
추종하는 경우가 많기 때문입니다.

이를 악용하는 것은 주로 정치인이거나 그 언저리를 맴도
는 사람들입니다. 특히 SNS에서 대중적 팬덤을 형성하고 있는 정
치 '셀럽'들일수록 그렇습니다. 논란이 될 만한 발언으로 적과 아
군을 구분하고 '다른 생각'을 '틀린 사실'로 규정합니다. 그러면 맹
목적 추종자들이 나서 '정의'의 이름으로 상대를 심판하죠. 진리의
독선은 폭력으로 쉽게 전이돼 신념의 제단 앞에 자신과 다른 모든
것들을 제물로 바칩니다.

이때 가장 이득을 보는 것은 누구일까요? 애초 자신을 선
과 정의의 편이라고 주장했던 주동자들입니다. 이들은 선을 가장
해(위선) 대중을 홀리며, 독선적 주장으로 시민들의 합리적 사고를
마비시키고 맹신하게 만듭니다. 독선은 브루노를 화형 시킨 과거

의 교회가 그랬던 것처럼, 비판과 검증의 펜 끝이 무뎌진 이성을 사이비 종교보다도 못한 거짓 신념으로 만듭니다.

오늘날 다수의 종교인들도 지동설을 과학이 아니라 상식으로 받아들입니다. 그것은 우리가 '진리'라고 믿었던 신념이 오랜 시간에 걸쳐 변했기 때문입니다. 인간은 자기의식으로 인지할 수 있는 만큼만의 진리를 엿보고 있을 뿐입니다. 기독교와 유대교의 뿌리는 같지만 하나님의 말씀에 해석이 다른 것도, 천주교와 개신교가 신·구교로 나뉘게 된 것도, '다른' 관점이 존재하기 때문이죠.

이런 독선적 믿음의 유혹에 빠지기 쉬운 것이 사회 과학입니다. 인간과 제도·문화를 실증적으로 연구하는 학문이기 때문에 사회 '과학'이라는 명칭이 붙었지만 때론 반증가능성을 인정하지 않는 주장과 이론도 있습니다. 실제로 근대의 역사를 살펴보면 인류가 처절하게 치렀던 그 많은 싸움 중엔 종교의 신념보다 더 폐쇄적인 이데올로기가 많았습니다.

이런 싸움에서 희생당하는 것은 늘 선량한 다수의 범인(凡人)들이었죠. 어느 한쪽을 맹신하는 주동자들 때문에 그들을 따르는 무고한 추종자들이 제물로 바쳐집니다. 그렇게 피투성이가 된 사람들 위로 새로운 태양이 떠오르지만, 다시 저녁이 되면 또다시 '진리의 전쟁'이 반복되며 새로운 희생자를 찾습니다. 움베르트 에코[13]의 말처럼 "자신이 믿는 진리를 위해 죽을 수 있거나, 자기보

---

[13]  움베르트 에코(1932~2016). 3000만 부가 넘게 팔린 베스트셀러 작가이자 기호학자. 예술과 역사·철학을 넘나드는 그의 필력은 첫 소설인 『장미의 이름』에서 유감없이 발휘된다. 학문과 저작 활동을 통해 평생을 독선과 파시즘에 맞서 싸웠다.

다 남들을 먼저 죽게 할 수 있는" 독선과 아집에 사로잡힌 주동자들이 또 다른 추종자들을 희생양으로 삼는 것이죠.

　　일루미나티로 상징되는 근대의 정신은 절대 왕정과 교회로 대표되는 구체제를 파괴하고 새로운 질서를 세우려 했습니다. 기득권층이 쌓아놓은 구체제의 성을 무너뜨리고 그동안 보지 못했던 세상을 열려고 했던 것이죠. 특히 일루미나티가 종교와 싸웠던 무기는 '과학'이라고 불리는 인간의 이성과 자유 의지였습니다. 그렇다면 지금 우리가 살고 있는 현대 사회는 과연 종교의 시대일까요, 과학의 시대일까요? 과학의 시대라면, 우리가 충분히 이성적이고 합리적인지 생각해볼 문제입니다.

## 읽을거리 ◆ 프리메이슨

두 세계의 대립과 갈등에서 잉태된 또 다른 조직으로 '프리메이슨Freemason'이 있습니다. 소설과 영화 작품에서 무수하게 비밀 결사의 원조로 등장하죠. 프리메이슨은 1717년 영국 런던에서 만들어진 인도주의 단체입니다. '세계 시민주의'를 표방하지만 가입 기준이 까다로웠고, 가톨릭에 비판적 입장을 취하면서 당시 기득권층과 갈등을 일으켰죠. 미국의 초대 대통령인 조지 워싱턴과 철학자 몽테스키외 등이 이 단체의 회원이었던 것으로 전해집니다.

그러나 프리메이슨의 기원에 대해선 반론도 있습니다. 대표적인 인물이 소설 『람세스』 시리즈로 유명한 이집트 학자 크리스티앙 자크 박사입니다. 그의 책 『프리메이슨La Frand-maconnerie』에 따르면 이미 오래전부터 프리메이슨이 있었으며, 1717년에 런던 4개 지부의 회원들이 모여 그들의 대표를 선출한 것이 프리메이슨의 창립으로 잘못 알려져 있다고 합니다.

그 대신 자크 박사는 비밀 결사의 기원을 고대 이집트 석공들에서 찾았습니다. 실제로 영어 'mason'과 프랑스어 'maconnerie'은 우리말로 '석공'이란 뜻입니다. 자크 박사는 "이집트에서 처음 프리메이슨이 나타난 이후 시대적 상황에 맞춰 많은 변천을 겪었다"며 "프리메이슨은 형제애를 바탕으로 인류에게 진정한 이상을 제공하기 위해 하나의 깨달음을 찾으려 노력했다"고 설명합니다.

현대 사회에선 두 단체에 대한 다양한 상상력이 가미되면서 국가 뒤에서 실제로 세계를 움직이는 조직으로 묘사되기도 합니다. '그림자 정부'라는 개념이죠. 이들은 세계 단일 정부를 꿈꾸며 각국의 정치와 경제를 배후에서 조종하는 걸로 묘사됩니다. 영화 『미션 임파서블』 시리즈

에서 주인공 이단 헌트(톰 크루즈 역)을 괴롭히는 신디케이
트가 대표적입니다.

/

슈퍼맨
*vs*
배트맨,

/

뉴턴은
누구의
편일까

/

이 책을 보고 계신 많은 분들이 그렇겠지만 저는 '히어로' 영화를 매우 좋아합니다. 마블과 DC에 나오는 서양 히어로는 물론, 화산파·소림파 등에 적을 둔 무림 히어로까지 웬만한 캐릭터는 모두 섭렵하고 있을 정도입니다.

저마다 다른 생김새와 성격을 갖고 있지만 이들의 가장 큰 공통점 하나를 꼽으라면 바로 'gravity free'입니다. 말 그대로 '중력에서 자유로워' 무중력 상태를 자유자재로 넘나든다는 것이죠.

히어로의 중요한 능력 중 하나는 하늘을 나는 것입니다. 새처럼 자유롭게 비행할 순 없어도 무협지의 주인공처럼 경공술이

뛰어나 허공을 달리듯 빠르게 공중 위로 움직일 수 있거나[14], 스파이더맨처럼 거미줄을 타고 나는 흉내라도 낼 수 있어야 합니다. 그것도 아니면 헐크처럼 근력이 엄청나 한 번의 점프로 하늘 위의 헬리콥터까지 뛰어오를 수 있어야 하죠. 이처럼 히어로가 되기 위해선 자연이 설정한 인간의 한계인 중력을 이겨내야 합니다.

그중에서도 가장 압권은 슈퍼맨입니다. 마블에 나오는 '원 오브 올'[15]처럼 덕후들이나 알만한 캐릭터를 제외하면 대중적인 히어로의 '끝판왕'은 슈퍼맨입니다. 크리스토퍼 리브 주연의 첫 슈퍼맨1978 영화에는 길이길이 역사에 남는 장면이 나오죠. 사랑하는 여인의 죽음을 받아들이지 못한 슈퍼맨은 '인간의 운명에 간섭해선 안 된다'는 경고를 무시하고 지구 바깥으로 날아가 지구 둘레를 빠르게 날면서 자전 방향을 바꿔 놓습니다. 영화에선 시간을 과거로 되돌린다는 설정이었죠. 물론 과학적 개연성은 전혀 없는 이야기입니다.

---

## 해가 서쪽에서 뜬다면

자전은 지구가 스스로 한 바퀴 도는 현상을 말합니다. 밤하

---

[14] 『영웅문』 시리즈의 원작자인 중국의 소설가 김용은 동양 판타지라 불리는 무협의 세계를 집대성했다. 그의 작품 속 주인공들은 하나같이 '경공'이라 불리는 공중을 떠다니는 기술을 갖고 있다.

[15] 마블 세계관의 창조주. 마블 코믹스의 아버지인 스탠 리를 캐릭터화한 것이라는 설명도 있다.

늘에 보이는 천체들이 동에서 서로 회전하는 것처럼 보이는 이유는 지구가 그 반대로(서에서 동으로) 자전하고 있기 때문입니다. 알다시피 지구가 태양 주위를 도는 공전으로 계절의 변화가, 스스로 도는 자전으로 밤낮의 변화가 생깁니다. 하루 두 번씩 생기는 밀물과 썰물 현상도 지구의 자전과 달의 공전 때문입니다.

자전 속도는 약 1700km/h입니다. 보통 항공기보다 2배가량 빠른 속도죠. 그 유명한 푸코의 진자 운동[16]이 자전 현상을 설명한 실험입니다. 그런데 만일 슈퍼맨이 지구의 자전 방향을 바꿔놓는다면 어떤 일이 생길까요? 제일 먼저 해가 서쪽에서 뜰 것

---

[16] 프랑스 물리학자 푸코의 실험. 진자의 추는 자전 반대 방향으로 회전하는 효과를 보인다. 즉, 북반구에서는 시계 방향으로, 남반구에서는 그 반대 방향으로 도는 것처럼 보인다.

입니다. 다른 별들도 서쪽에서 동쪽으로 이동하겠죠. 대기와 해류의 순환 방향도 달라질 것입니다.

좋은 점도 있습니다. 북반구의 중위도에 위치해 편서풍의 영향을 받는 우리는 중국에서 불어오는 황사와 미세 먼지의 영향을 많이 받습니다. 겨울철 대륙에서 불어오는 차가운 바람도 잦고요. 그러나 지구의 자전 방향이 바뀌면 편동풍이 불면서 황사와 미세 먼지가 덜하고, 바다에서 불어오는 따뜻한 바람 때문에 날씨도 더욱 따뜻해질 수 있습니다.

하지만 슈퍼맨처럼 시간을 거꾸로 되돌릴 수는 없습니다. 뒤에서 다시 살펴보겠지만 시간을 거스른다는 건 좀처럼 쉬운 일이 아니기 때문입니다. (사실상 불가능한 이야기죠. 시간 여행은 과학의 핵심 전제인 인과율을 깨뜨립니다.)

---

## 슈퍼맨 vs 배트맨

과학적으로 증명할 수는 없지만 슈퍼맨의 능력이 매우 압도적이라는 것은 충분히 알 수 있습니다. 지구에 엄청난 변화를 초래할 수 있는 자전의 변화까지 일으킬 수 있다면 말 다한 것이죠. 그렇다면 슈퍼맨은 어쩌다 이런 능력을 갖게 됐을까요?

가장 설득력 있는 이론이 행성 간 중력 차이입니다. 슈퍼맨이 태어난 크립톤 행성이 지구보다 중력이 세기 때문이라는 것이죠. 덕택에 중력이 약한 지구에서 인간보다 더 큰 힘을 발휘할 수 있다는 건데, 이는 달에 착륙한 비행사가 지구에서보다 더 적은 힘을 들이고도 높게 점프할 수 있는 것과 같은 이치입니다.

그러나 단순히 중력 차이만으로는 슈퍼맨의 능력을 설명하기 어렵습니다. 중력이 제아무리 큰 별에서 왔다고 해도, 공중에서 포물선을 그리며 점프하는 것을 넘어서 수평으로 하늘을 날 수는 없기 때문입니다. 갑작스런 방향 전환이나 지구의 자전을 반대로 돌릴 만큼 추진력을 갖기도 불가능하고요.

『배트맨 대 슈퍼맨: 저스티스의 시작』이란 영화에서 슈퍼맨과 싸웠던 배트맨은 정말 불쌍하기 그지없습니다. (아직까지도 저는 두 히어로가 왜 싸웠는지 이해를 못하고 있습니다.) 히어로 종결자인 슈퍼맨과 싸우기에 배트맨은 처음부터 역부족이었죠. 일단 배트맨은 초능력이 없습니다. 그저 운동 열심히 한 몸 좋은 아저씨입니다. 대신 각종 기술적 장치를 이용해 인간의 한계를 이겨내고자 합니다. 조커와 같은 일반 악당과 싸울 때는 배트맨의 화려한 무기들이 빛을 발하지만 슈퍼맨 앞에서는 그저 장난감에 불과합니다.

그러므로 초능력의 원리가 무엇이 됐든 슈퍼맨과 같은 히어로가 된다는 것은 우리가 살고 있는 지구에서는 적어도 불가능한 일입니다. 그렇기 때문에 인간은 늘 한계에 도전할 때 중력을 거스르는 방식을 택했습니다. 배트맨도 마찬가지였죠. 공중으로 줄을 쏴 올리고 빠른 속도로 올라가거나, 박쥐와 같은 날개를 몸에 달고 높은 곳에서 낮은 곳으로 활강합니다.

사실 자연에 도전한 인간의 역사는 배트맨처럼 중력을 이

겨내는 것이었다고 해도 과언이 아닙니다. 높이뛰기 선수가 장대에 의지해 하늘로 솟아오르는 것부터 에베레스트의 높은 산봉우리에 오르는 일까지, 중력의 힘을 인간의 힘인 근력으로 이겨내는 것이 모든 스포츠의 근본이었죠. 이와 같이 중력을 이겨내려는 시도와 염원이 쌓이면서 히어로의 첫 번째 능력이 됐습니다.

## 보자기 위의 배구공

그렇다면 중력이란 무엇일까요? 재밌는 실험을 하나 해보

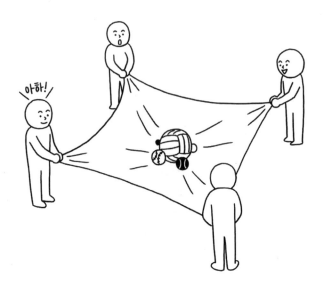

죠. 여기에 큰 보자기가 있습니다.[17] 이제 네 사람이 각각의 모서리를 느슨하게 잡습니다. 그런 후에 보자기에 배구공을 올려놓습니다. 배구공은 보자기의 한가운데에 자리 잡겠죠. 여기에 차례로 야구공, 테니스공, 탁구공, 구슬을 올려봅니다. 공들과 구슬은 어떻게 될까요? 그렇죠. 아마 배구공 옆에 찰싹 붙어있을 것입니다.

　이 상태에서 볼링공을 올려봅시다. 아까처럼 배구공이 가운데 있고 그 주변을 다른 공들이 둘러싸고 있을까요? 아니면 볼링공이 한가운데에 놓이고 배구공도 다른 공들처럼 그 주변을 둘러싸고 있을까요. 실험은 해보나마나입니다. 정중앙에 볼링공이 위치하고 배구공도 다른 공들처럼 볼링공 옆에 붙어있게 됩니다.

　이번에는 우리가 상상할 수 없을 만큼 매우 큰 보자기를 생

---

17　보자기를 이용한 설명은 중력을 직관적으로 이해하기 위함이다. 아인슈타인의 일반 상대성 이론인 '중력에 따라 시공간이 휘어지는 현상'을 쉽게 따져보는 데 목적이 있다.

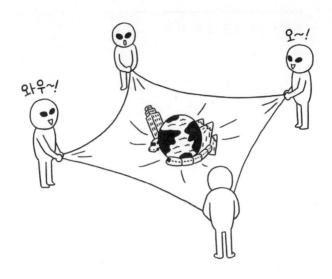

각해보죠. 이때 모서리를 잡고 있는 것은 사람이 아닌 다른 무언가라고 가정합시다. 이 보자기 위에 우리가 살고 있는 지구를 올려봅니다. 그 다음에 승용차와 전철을, 또 편안히 잠을 자는 집과 학교를 보자기에 놓아보죠. 가능하다면 에베레스트 산이나 오스트레일리아 대륙을 올려놔도 좋습니다. 결과는? 모두 지구를 중심으로 모이게 될 것입니다.

이처럼 중력은 질량을 가진 물체가 상대를 끌어당기는 힘입니다. 당연히 질량이 클수록 중력이 세겠죠. 75억의 인류와 5대양 6대주 위의 모든 생명체가 지구에 붙어있는 것은 지구의 질량과 중력이 제일 크기 때문입니다. 지구가 달의 주변을 돌지 않고, 달이 지구를 중심으로 공전하는 것도 질량과 중력의 차이 때문입니다. 지구를 포함한 8개의 태양계 행성이 태양 둘레를 도는 것도 마찬가지고요.

## 뉴턴의 세 가지 운동 법칙

앞서 보자기와 공의 사례처럼 중력은 질량이 있는 물질세계를 구성하는 가장 핵심적인 요인입니다. 여러분이 잘 아는 것처럼 중력을 처음 이론화한 사람은 아이작 뉴턴1642~1727이죠. 뉴턴은 코페르니쿠스에서 갈릴레이로 이어진 과학 혁명의 서막을 화려하게 장식한 주인공입니다. 특히 1687년 그가 쓴 『프린키피아』[18]는 근대 역학과 천문학을 확립하는 데 이바지했습니다.

먼저 그가 밝힌 첫 번째 이론은 뉴턴의 사과로 잘 알려진 '만유인력의 법칙'입니다. 즉, 땅과 사과 사이에, 또 지구와 달 사이에는 거리의 제곱에 반비례하는 인력이 작용한다는 것이죠. 그러면서 그 유명한 세 가지 운동 법칙을 정립합니다.

첫 번째는 '관성의 법칙'입니다. 움직이는 물체는 외부의 힘이 작용하지 않는 이상 계속 같은 속도로 움직이고, 정지해있는 물체 역시 외부 힘이 가해지지 않으면 그대로 멈춰있습니다. 그러나 우리 일상에선 외부의 힘이 없을 때 계속해서 움직이는 물체를 찾기는 어렵습니다. 바로 마찰력 때문이죠.[19]

관성의 법칙을 살펴볼 수 있는 사례는 많습니다. 도로 위를 달리던 버스가 갑자기 정지하면 몸이 앞으로 쏠립니다. 일정 속도

---

[18] '원리Principia'라는 뜻의 라틴어로 원제는 『자연철학의 수학적 원리』다. 데카르트가 쓴 『철학의 원리』에서 영감을 얻었다고 한다.

[19] 뉴턴의 운동 법칙은 마찰력이 존재하지 않는 상황을 전제로 한다. 진공 상태와 다름없는 우주에서는 한 번 움직이기 시작한 물체는 저절로 멈출 수 없다. 지구에서와 같은 공기 저항이 거의 없기 때문이다. 공기 저항 역시 기체에 대한 마찰로 생겨나는 저항이기 때문에 마찰력의 일종이다.

로 버스와 함께 이동하던 몸이 외부의 힘(급브레이크로 인한 마찰력)으로 갑자기 멈출 때, 기존의 진행 방향대로 몸이 움직이는 것입니다. 이불을 두드려 먼지를 털어내는 것도 관성의 법칙 때문입니다.

뉴턴의 두 번째 운동 법칙은 '가속도의 법칙'입니다. 마트

에서 물건이 담긴 카트를 민다고 생각해봅시다. 우리가 힘을 세게 줄수록 카트는 더욱 빠르게 움직입니다. 이처럼 힘이 셀수록 속도가 높아지는 것을 가속도의 법칙이라고 합니다.

이번에는 카트에 생수와 쌀이 가득 담겨있는 경우를 생각해보죠. 똑같은 세기로 밀면 앞선 경우보다 천천히 움직일 것입니다. 즉, 질량이 많을수록 가속도는 낮아집니다. 가속도는 힘에 비례하고 질량에 반비례합니다. 이를 수식으로 써보면 다음과 같습니다.

$$F(\text{힘}) = m(\text{질량}) \times a(\text{가속도})$$

가속도의 법칙은 일상 속에서 가장 많이 사용하는 공식 중 하나입니다. 자동차의 액셀을 밟을 때, 반대로 갑자기 브레이크를 밟아 움직이는 거리를 구할 때 이 수식을 사용합니다.

'중력 가속도'라는 말을 들어봤을 것입니다. 이는 공중에서 낙하하는 물체가 지표면에 가까워질수록 빨라지는 것을 말하죠. 지구 중심으로 향하는 힘(중력)이 물체에 가속도를 만들어내기 때문에, 똑같은 물체라도 2층에서 떨어뜨리는 것과 63층에서 떨어뜨리는 것은 지표면에 닿을 때 그 빠르기가 다릅니다.

세 번째는 '작용·반작용의 법칙'입니다. 흰 공 하나로 빨간 공 2개를 맞히는 당구를 생각해보죠. 먼저 흰 공이 A라는 빨간 공을 맞히고 연속해서 B라는 빨간 공도 맞혀야 점수를 획득합니다. 여기서 처음 큐를 통해 흰 공에 가해진 힘은 A와 충돌했을 때 둘

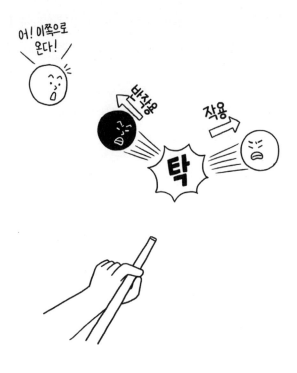

이 나눠 갖습니다. 그러므로 흰 공과 A공이 부딪힌 후 서로 다른 방향으로 움직이는 것이죠. 이처럼 어떤 힘이 작용하면 반드시 그에 대한 반작용의 힘이 존재한다는 것이 뉴턴의 세 번째 운동 법칙입니다. 나란히 마주서서 손뼉을 치면 둘 다 뒤로 밀려나게 되는 것도 같은 이치입니다.

### 읽을거리 ◆ 뉴턴의 사과

조산아로 태어난 뉴턴은 조용한 아이였습니다. 아버지는 그가 태어나기도 전에 돌아가셨고, 어머니가 재혼하면서 할머니의 손에서 컸습니다. 시골 농장에 살던 그는 자연과 어울리기를 좋아했죠.

10대 때 그가 풍차 모형을 만든 것은 유명한 일화입니다. 이처럼 과학에 소질을 보이던 뉴턴은 19세 때 케임브리지 대학에 입학합니다. 그곳에서 기하학 등을 배우며 수학에 두각을 나타냈고, 혼자서 케플러와 갈릴레이의 천문학·역학을 공부하며 지식을 쌓아갔습니다.

그러나 영국에 흑사병이 돌면서 휴교령이 내려졌고, 뉴턴은 다시 고향으로 돌아갔습니다. 이때 뉴턴은 독학을 통해 물체의 운동에 대해 연구했고 미적분의 기초를 만들었습니다. 땅에 떨어지는 사과를 보고 만유인력의 개념을 만들었다는 시점도 이때로 추정됩니다.

하지만 만유인력은 어느 한순간에 득도를 하듯 깨우친 개념이 아닙니다. 20대 때 이 개념을 떠올렸지만 완성된 것은 40대 때의 일입니다. 바로 1687년에 탈고한 『프린키피아』를 세상에 내놓으면서였죠.

이 책은 모든 물체 사이에 존재하는 인력의 개념을 제시하고, 이를 수학적으로 나타냈습니다. 일상의 움직임부터 천체의 운동까지 하나의 법칙으로 설명할 수 있는 이론적 틀을 제시했죠. 이는 인류 과학사에서 가장 혁명적인 업적 중 하나입니다.

마블의
과학
1.

아이언맨과
아인슈타인

마블 영화 시리즈는 국내에서만 1억 명 이상이 관람한 인기 SF 시리즈입니다. 일각에선 원작 소설을 기반으로 만들어진 정통 SF와 달리 코믹스(만화)를 모태로 했다는 점에서 SF 영화의 범주로 넣기 어렵다는 지적도 있습니다. 그러나 시대가 바뀌면 SF의 개념도 변하는 법, 미래에 대한 과학적 상상력을 모티브로 한다는 점에선 마블 시리즈도 분명한 SF 작품입니다.

더욱이 마블 영화엔 그동안 SF에서 단골 소재로 삼았던 수많은 과학 이론이 등장합니다. 특히 최근의 어벤져스 시리즈에서는 악당 타노스를 통해 우주의 근원과 지속 가능한 지구 등의 심오한 문제를 다루고 있죠. 그런 의미에서 본다면 마블 시리즈는 현존하는 SF 중 가장 철학적이고 과학적인 작품이라고 해도 무방할 것입니다.

## 과학으로 구축된 마블 유니버스

마블의 이야기는 사상 최고의 빌런 타노스에서 시작합니다. 타이탄 행성의 엘리트였던 타노스는 행성의 멸망을 막기 위해 발전된 과학 기술을 다운그레이드 하고, 인구를 절반으로 줄이자는 과격한 주장을 펼칩니다. 당시 타이탄 행성은 눈부신 과학 문명을 자랑했지만 오히려 지나친 기술의 발전으로 멸망 위기에 몰렸죠. 자원 고갈과 인구 폭발 문제를 해결할 수 없던 타노스는 너무 급진적 입장을 펼치다 행성에서 쫓겨납니다.

얼마 후 타이탄 행성은 타노스의 예상대로 멸망합니다. 아이러니하게도 타노스만이 타이탄 행성의 유일한 생존자로 남게됐죠. 그때부터 타노스는 타이탄에서 있었던 인구 증가와 자원 고갈의 문제가 다른 우주에서 일어나지 않도록 해야겠다고 결심합니다. 이에 타노스는 전쟁과 학살을 통해 인위적으로 인구를 줄이려고 합니다. 과학 기술이 발전한 행성들을 차례로 쳐들어가 문명을 파괴하고 종족들을 몰살하죠. 그러던 중 6개의 인피니티 스톤[20]을 모으면 신과 같은 능력을 얻어 자신의 과업을 한 번에 이룰 수

---

[20] 마블 시리즈에 등장하는 인피니티 스톤은 생각을 조종하는 마인드 스톤, 시간을 조작하는 타임 스톤, 엄청난 파괴력을 지닌 파워 스톤, 현실을 바꾸는 리얼리티 스톤, 공간을 조종하는 스페이스 스톤, 지혜와 영혼의 힘을 가진 소울 스톤을 말한다.

있다는 사실을 알게 됩니다.

큰 줄기에서 보면 마블 영화의 핵심 스토리는 우주의 절반을 멸망시키려는 타노스와 이에 맞서는 어벤져스 히어로들의 이야기입니다. 오딘의 양아들 로키가 타노스의 사주를 받아 지구를 침공하지만 지구인들은 이를 가까스로 막아냅니다(어벤져스 1). 이때의 충격으로 아이언맨은 외계인의 공격을 막기 위해 인공 지능 로봇을 개발하지만 오히려 공격을 당해 큰 혼란에 빠지죠(어벤져스 2).

그 사이 어벤져스의 내부 분열로 히어로들 간의 반목과 갈등이 커집니다. 다시 지구 침공 기회를 노리던 타노스는 아스가르드 행성에서 신들의 왕인 오딘이 죽고 그의 딸 헬라와 아들 토르가 싸우는 틈을 타 아스가르드를 파괴하고 지구로 향합니다. 이때 타노스의 양딸 가모라와 그의 남자친구 스타로드는 타노스의 악행에 맞서 싸웁니다(캡틴 아메리카 시빌 워, 토르 라그나로크, 가디언즈 오브 갤럭시).

지구에선 타임 스톤을 통해 절대악으로부터 지구를 지키려는 마법사 스티븐 빈센트, 감마선에 노출돼 초능력을 얻은 브루스 배너 박사, 거미에 물려 초인이 된 스파이더맨, 신비의 금속 비브라늄을 악당으로부터 지키는 와칸다 왕국의 왕자 등이 합류해 타노스의 공격을 막아냅니다(닥터 스트레인지, 헐크, 스파이더맨 홈커밍, 블랙팬서).

여기까지가 마블 유니버스의 '초간단' 스토리입니다. 그리고 이 모든 이야기의 중심에는 아이언맨이 있습니다. 그는 지구

최고의 군수업체 스타크 인더스트리의 오너로 타노스와의 전쟁에 사용되는 각종 무기를 만듭니다. 캡틴 아메리카의 방패와 스파이더맨의 전자 수트처럼, 히어로들이 사용하는 핵심 장비도 그의 손에서 태어났죠.

이번 장에서는 아이언맨을 중심으로 마블 영화에 담긴 과학 코드를 살펴보겠습니다. 스크린과 브라운관에서 재밌게 봤던 아이언맨·스파이더맨·헐크 등 히어로들의 이야기는 어떤 과학 원리에 따라 작동하는 걸까요?

## 아이언맨의 심장 '아크 원자로'

과학자들이 가장 좋아하는 히어로는 아이언맨입니다. 극중 아이언맨, 즉 토니 스타크는 기업가 이전에 과학자입니다. 부모님이 물려준 군수업체를 자신의 과학적 지식을 동원해 세계 최고의 기업으로 키워내죠. 실제로 스타크 역할을 한 로버트 다우니 주니어는 영화 출연 당시, 실존 인물인 일론 머스크[21]를 모티브로 삼았다고 합니다. 그 역시 현 시대를 대표하는 과학자이자 기업가죠.

무엇보다 스타크는 수명이 5000년인 토르, 초능력을 가진 헐크 등과 달리 평범한 인간의 신체를 가졌습니다. 그럼에도 불구하고 어벤져스의 모든 초인들을 뛰어넘는 능력을 갖게 된 것은 그

---

[21] 전기차 회사인 테슬라와 우주여행 프로젝트를 추진중인 스페이스X의 CEO로, 물리학자이자 공학자이며 세계적인 억만장자라는 점에서 아이언맨 토니 스타크와 유사하다.

아크 원자로 하나면 부산 같은 대도시도 환히 밝힐 수 있지!

가 개발한 로봇 수트 때문입니다. 아이언맨 수트만 있으면 그는 우주 공간을 자유자재로 날고 항공 모함도 번쩍 들어 올립니다. 이런 에너지의 원천은 바로 그의 심장에 박혀있는 '아크 원자로'입니다. 이곳에서 엄청난 에너지가 나오기 때문에 위와 같은 일들을 벌일 수 있는 것입니다. 그렇다면 '아크 원자로'는 과학일까요?

영화 속에서 스타크는 아크 원자로에서 초당 3GW(기가와트)의 에너지를 생산한다고 말합니다. 그렇다면 이는 어느 정도의 전력일까요? 보통 국내에 있는 원자로 한 기의 용량이 1GW입니다. '알쓸신잡'의 물리학자 김상욱 경희대 교수는 "1GW면 보통 100만 가구를 커버할 수 있는 전력량이다, 아이언맨의 아크 원자로 하나면 부산 같은 대도시의 전기 사용량과 맞먹는 규모"[22]라고 말합니다. 김 교수의 설명처럼 아이언맨의 원자로는 어마어마한

---

[22]    김상욱, 「어벤저스에 숨은 과학 코드」, 팟캐스트 『윤석만의 인간혁명』, ep6, 2018. 8. 8.

에너지를 내기 때문에 영화와 같은 괴력을 발휘할 수 있는 것이죠. 그럼 아크 원자로는 정말 가능할까요? 결론부터 말하면 '가능은 하지만 지구에선 불가능'합니다.

아크 원자로는 핵융합 이론을 기반으로 하고 있습니다. 가벼운 원자의 핵이 상대적으로 무거운 원자의 핵으로 바뀌면 엄청난 에너지를 내뿜는데 이를 핵융합 반응이라고 합니다. 가장 쉬운 예로 태양을 들 수 있죠. 태양은 4개의 수소가 핵융합을 통해 1개의 헬륨으로 변하는데 이때 남은 질량이 에너지로 변합니다. 이 때문에 태양의 중심은 1억℃ 이상의 초고온 상태를 유지하죠. 이 같은 원리를 응용한 것이 수소 폭탄입니다. 핵융합을 일으키기 위해선 태양처럼 매우 큰 질량을 가진 물체가 있어야 하고 엄청난 초고온을 견딜 수 있어야 합니다. 하지만 손바닥만 한 아이언맨의 아크 원자로는 그런 조건을 갖고 있지 못하죠.

반대로 핵분열 방식도 생각해볼 수 있습니다. 핵분열은 핵융합과 달리 무거운 원자가 가벼운 원자로 나뉘는 것을 말합니다. 대표적인 게 원자력이죠. 즉, '우라늄235'의 원자핵이 중성자를 흡수하면 2개의 다른 원자핵으로 분열하는데 이때 엄청난 에너지가 발생합니다. 이를 핵분열이라고 하는데, 이때 생긴 엄청난 열로 물을 끓여 증기 터빈을 돌리고 전력을 만들어내는 게 원자력 발전입니다.

김상욱 교수는 "핵융합은 엄청난 질량과 초고온 상태를 유지해야 하기 때문에 아이언맨의 아크 원자로로 만들 수 없다"며 "현실적으로 가능한 것은 핵분열을 이용해 소형 원전을 만드는 것"

이라고 설명합니다. 그러나 "문제는 원자로를 작게 만들더라도 방사능 피폭을 막을 수 없기 때문에 아이언맨은 곧바로 죽게 될 것"이라고 합니다. 결국 현재의 과학 기술로 아이언맨은 아직 불가능하단 이야기죠.

## 어벤져스 그리고 시간 여행

"We're in the endgame now."

영화 『어벤져스: 인피니티 워』에서 마법사 닥터 스트레인지가 최강 빌런 타노스에게 타임 스톤을 건네주며 한 말입니다. 이로써 타노스는 6개의 인피니티 스톤을 모두 모으고 우주 생명체

의 절반을 증발시킵니다.[23]

　　그런데 아이언맨, 스타로드, 스파이더맨 등 히어로들과 함께 맹렬히 싸우던 닥터 스트레인지가 왜 갑자기 마지막 스톤을 스스로 건넸을까요? 그 답은 미래를 보는 닥터 스트레인지의 능력에 있습니다. 그는 타임 스톤을 이용해 시공간을 자유자재로 이동합니다. 타노스와의 전투 중에 그는 앞으로 펼쳐질 1400만 개의 미래를 내다봤죠. 그중 타노스를 이길 가능성은 단 하나뿐이었습니다. 그리고 그 '한 번'을 위해 순순히 타임 스톤을 넘겨준 것이었죠.

　　닥터 스트레인지는 1400만분의 1이라는 기적과도 같은 가능성에 마지막 희망을 걸고 '마지막 전쟁endgame'에 들어선 것입

23　우주가 만들어질 때 생겨난 6개의 인피니티 스톤을 모두 가진 자는 신적인 능력을 갖게 된다. 타노스는 인구 폭발과 자원 고갈 등의 문제를 해결하기 위해서 우주의 모든 생명체를 반으로 줄여야 한다는 신념을 갖고 있다.

니다. 이야기의 결말은 스포일러가 될 수 있으니 더 이상 언급하지 않겠습니다. 어찌 됐든 우리의 믿음직스런 마블 히어로들은 혼신의 힘을 다해 마지막 기적을 만들려고 애를 씁니다.

이처럼 '타임 스톤'은 어벤져스 스토리의 핵심 연결 고리입니다. 타임 스톤의 능력을 이어받은 자는 말 그대로 '시간'을 지배할 수 있습니다. SF 영화와 소설의 단골 소재인 '시간 여행'이 타임 스톤만 있으면 얼마든지 가능하다는 의미입니다. 시간 여행은 많은 문화·예술 작품에서 지나간 과거를 되돌리고, 다가올 미래를 먼저 내다보는 이야기로 수없이 재생되곤 했죠.

기록이 전하는 최초의 시간 여행 이야기는 기원전 8세기경 고대 인도에서 만들어진 『마하바라타』라는 서사시입니다. 산스크리트어로 쓰인 이 작품엔 라이바타라는 왕의 모험 이야기가 나옵니다. 그는 세상을 창조한 신 브라마를 만나고 왔는데, 그 사이 엄청난 세월이 흘러 있었습니다. 신과 함께 있던 시간은 찰나에 불과했지만 이승에선 이미 오랜 세월이 흐른 뒤였죠.

비슷한 이야기는 중국에도 있습니다. 6세기경 중국 양나라 때 쓰인 『술이기(述異記)』란 책에는 '난가(爛柯)'의 전설이 나옵니다. 난가를 문자 그대로 풀이하면 '썩은 도끼자루'란 뜻인데, 한번 정신이 팔리면 시간가는 줄 모른다는 의미로, 과거엔 '바둑'을 지칭하는 말로 쓰였습니다.

책에 따르면 춘추시대 진나라에 왕질(王質)이란 나무꾼이 있었는데 어느 날 평소 가보지 못한 깊은 산중에 들어갔습니다. 거기서 어린 동자(童子) 2명이 바둑 두는 걸 지켜보면서 이들이 준

귤을 먹었습니다. 허기를 달래며 시간가는 줄 모르고 바둑을 구경하다 집에 가려고 자리를 일어섰더니 도끼가 보이질 않았습니다. 자세히 보니 날은 그대로 있는데, 자루는 썩어 없어진 것이었죠.

부랴부랴 마을로 내려온 왕질은 변해버린 동네의 모습에 깜짝 놀랐습니다. 집에선 낯선 이들이 분주히 움직이며 제사 준비를 하고 있었습니다. 가만 살펴보니 이들은 자신의 제사를 준비하는 '알지도 못하는' 후손들이었습니다. 즉, 동자 2명은 신선이었고 그들이 준 귤은 시간을 천천히 흐르게 하는 명약이었던 것이죠.

이처럼 시간 여행은 인류가 오랜 시간 꿈꿔왔던 마법 같은 능력입니다. 그런데 여기엔 한 가지 공통점이 있죠. 브라마를 만나고 온 왕이나 신선의 바둑을 구경했던 나무꾼 모두 시간이 '상대적'이었다는 점입니다. 신들의 세계는 인간의 세상보다 시간이 훨씬 느리게 흐르고, 그 때문에 인간의 삶은 더욱 짧게 느껴집니다.

마블 영화에서도 천둥의 신 토르는 인간보다 훨씬 긴 5000년 이상을 살 수 있습니다. 그런데 고대 전설 속에 내려오는 이런 이야기들이 아주 '과학적'인 거라면 여러분은 쉽게 믿음이 가나요? 그 해답은 바로 아인슈타인의 '특수 상대성 이론'에 있습니다.


## 아인슈타인의 특수 상대성 이론

아인슈타인은 어릴 적 다른 과목은 낙제였지만 수학과 물리학만큼은 늘 만점이었습니다. 과학 '덕후'였던 소년 아인슈타인은 한 가지 재밌는 상상을 했죠. 세상에서 가장 빠른 빛을 그와 똑같은 속도로 따라가며 보면 어떨까 하는 것이었습니다. 이 같은 의문을 늘 품고 있던 아인슈타인은 스물여섯 살이 되던 1905년 「움직이는 물체의 전기 역학에 관하여」라는 논문을 세상에 내놓습니다. 이게 바로 훗날 '특수 상대성 이론'이라고 이름 붙은 이론입니다.

스위스 베른의 특허청 심사관이었던 아인슈타인은 시계에 대한 특허 건을 많이 다뤘습니다. 당시 유럽은 철로를 대륙 전역으로 확장하던 시기였죠. 그러나 각 지역마다 시간이 달라 이를 통일하는 게 큰 과제였습니다. 예를 들어 베른의 시계는 7시 10분인데 취리히의 시계는 7시 30분이었습니다. 이로 인한 승객들의 불편은 이만저만이 아니었죠.

시계에 관한 특허를 많이 처리했던 아인슈타인은 여기서 한 가지 힌트를 얻습니다. 베른과 취리히의 시계가 서로 다른 시각을 가리키듯, 시간도 상대적일 수 있다는 것입니다. 예를 들어 시속 80km로 달리는 자동차가 있다고 가정해보죠. 이는 가만히 서 있는 사람의 입장에서 본 속도입니다. 반면 같은 방향으로 40km/h로 달리는 오토바이가 봤을 땐 자동차의 속도는 40km/h입니다. 만일 반대 방향에서 80km/h로 달려오는 자동차에서 본다면 160km/h로 느껴질 것입니다.

이렇게 속도가 상대적이듯 시간도 상대적이란 것이 아인슈타인의 생각이었습니다. 즉, 시간은 상황에 따라 천천히 흐르기도 빨리 흐르기도 한다는 것이 특수 상대성 이론의 핵심입니다. 이를 과학적으로 말하면 등속 운동을 하는 물체에선 속도가 클수록

시간이 천천히 흐릅니다. 반대로 느리게 움직이는 물체에선 시간이 상대적으로 빠르게 흐르죠. 속도가 높아질수록 시간은 점차 느리게 가고 빛의 속도에 도달하면 시간은 멈추게 됩니다.

물리학에선 흔히 쌍둥이의 이야기를 예로 들어 설명합니다. 지구에 있는 쌍둥이 언니와 매우 빠른 우주선을 타고 움직이는 동생은 시간이 서로 다르게 흐릅니다. 언니는 이미 노인이 됐지만 동생은 아직 젊음을 유지하고 있죠. 우주선이 아주 빠르게 등속 운동을 하고 있기 때문입니다. 만일 동생이 임무를 마치고 지구에

제 동안의 비결은 바로
빠르게 등속운동하는
우주선이죠!

돌아오면 자신을 제외한 모든 친구들이 노인이 된 것을 발견하겠
죠. 이는 마치 무릉도원에 다녀온 나무꾼의 이야기와도 같습니다.

시간 여행을 설명할 수 있는 가장 유력한 현대 과학 이론은
아인슈타인의 특수 상대성 이론입니다. 앞서 쌍둥이의 예시를 좀 더
확장해 빛의 속도로 달릴 수 있는 우주선만 있다면 자신의 시간을 멈
출 수 있기 때문에 상대적으로 미래로 가는 효과를 볼 수 있습니다.

### 과거로 가는 시간 여행은 불가능?

빛의 속도로 달리는 우주선을 개발해 미래를 간다고 칩시
다. 그렇다면 과거로는 어떻게 갈 수 있을까요? 앞서 살펴본 것처

럼 빛의 속도로 달렸을 때 우리가 기대할 수 있는 최상의 성과는 시간을 멈추는 것입니다. 아주 단순히 생각해보면 빛보다 빠르면 시간을 되돌릴 수 있지 않을까 상상해볼 수도 있습니다. 그러나 문제는 빛보다 빠른 것은 없다는 것이죠.

설령 빛보다 빠른 무언가 있다 해도 과거로 돌아가는 것은 물리학의 큰 원칙을 위배합니다. 바로 '인과율'입니다. 모든 자연 법칙의 근본 원리는 원인이 있어야 결과가 뒤따른다는 것입니다. 즉, 과거로 돌아간다는 것은 현재에 영향을 미쳐 지금과는 또 다른 '새로운 현재'를 만들어내기 때문에 인과적으로 성립할 수 없습니다. 만일 인과율을 깰 수 있는 이론이 있다면 그것은 인간의 인식 너머에 있기 때문에 설사 존재한다 해도 우리는 이해하기 어려울 것입니다.

인간의 이성으로 납득 가능한(과학의 인과율에 위배되지 않는) 시간 여행은 아인슈타인의 특수 상대성 이론까지입니다. 그리고 이 이론의 핵심은 시간은 상대적이라는 것이죠. 예를 들어 밤하늘을 수놓는 무수한 별빛은 현재이면서 동시에 과거입니다. 오랜 시간 탐험가들의 좌표가 됐던 북극성은 지구로부터 약 1000광년이 떨어져 있습니다. 이는 빛의 속도로 1000년을 가야 할 만큼 멀리 있다는 뜻이죠. 우리가 보는 북극성의 밝은 빛은 실제 북극성에서 1000년 전에 출발한 빛입니다. 즉, 지금 밤하늘의 북극성은 1000년 전의 모습이란 이야기입니다.

어쩌면 밝게 빛나는 별 중 지금은 사라지고만 것들도 있을 것입니다. 만화에 자주 나오는 안드로메다는 200만 광년 떨어

지금은 사라진 내 고향을 지구에서는 볼 수 있구나…

엉엉

져 있습니다. 빛의 빠르기로 200만 년을 가야 닿을 거리라는 것이죠. 이처럼 밤하늘의 별빛은 과거로부터 온 빛의 화석인 셈입니다.

인간이 오랫동안 시간 여행을 꿈꿨던 것은 지난 일을 단순히 추억하고 싶기 때문만은 아닐 겁니다. 과거의 잘못들을 바로잡고, 더 나은 현재를 만들기 위한 열망이 시간 여행이라는 상상을 만들어낸 것은 아닐까 생각해봅니다. "그때 그랬으면 더 좋았을걸", "예전에 그렇게 하지 말았어야 했는데" 하는 아쉬움과 후회 등이 타임머신을 만든 가장 큰 동력인 거죠.

하지만 진짜 '타임머신'은 우리 마음속에 있습니다. 우리는 모두 하루 24시간, 1년 365일을 살지만 그 시간을 어떻게 쓰나에 따라 하루를 1년같이 살 수도 있습니다. 비록 과거로 돌아가 지난 일을 바로잡을 순 없지만, '내일의 과거'는 얼마든지 우리 맘대로 결정할 수 있습니다. 하루하루 지금의 삶이 모여 내일의 나를 만들고, 그런 미래의 내가 만족스럽지 않다면 오늘의 나를 바꾸면 됩니다.

이처럼 진짜 타임머신은 오늘을 사는 우리의 결단과 행동입니다. 지나간 과거는 돌이킬 수 없지만, 미래는 지금의 내가 충분히 바꿀 수 있기 때문입니다.

## 읽을거리 ♦ 1939년 퓨처라마

1939년 뉴욕에서 만국 박람회가 열렸습니다. 당시 세계 최고의 기업이었던 제너럴모터스GM는 '퓨처라마Futurama' 프로젝트를 통해 첨단 기술을 뽐냈습니다. 풍요로운 미래의 뉴욕을 미니어처로 만들었는데 그중 가장 큰 관심을 끌었던 것은 무인 자동차였습니다. 전 세계에서 모인 관람객들은 운전자 없이 주행하는 자동차를 매우 신기하게 바라봤죠. 물론 그때는 무인 자동차가 실현될 것이라고 누구도 생각하지 않았습니다.

하지만 수십 년이 지난 지금 우리에겐 자율 주행차가 현실로 다가왔습니다. 과학 기술은 퓨처라마에서 상상했던 것보다 훨씬 발전했죠. 이처럼 인간의 역사에서 과거의 상상이 오늘의 현실이 된 것은 언제나 있는 일입니다. 하늘을 날고 싶은 인간의 꿈은 지구 밖까지 펼쳐졌고, 생명 공학의 발달로 백세 인생을 눈앞에 두고 있습니다. 이외에도 우리가 상상했던 많은 것들이 조만간 실생활에서 쓰이게 될 겁니다.

결국 인간의 문명을 발전시키는 원동력은 '상상력'입니다. 우리가 어떻게 미래를 그리느냐에 따라 내일의 삶이 달라지는 것이죠. 그런 의미에서 SF는 'Science

Fiction(공상 과학)'이기도 하지만 그 전에 'Social Fiction (사회적 상상력)'이기도 합니다. 과학의 발전은 비단 기술의 발달에서만 끝나는 게 아니라 인간의 문명 전체를 바꿔놓기 때문이죠. 우리가 얼마나 많은 SF를 갖고 있느냐에 따라 미래의 모습도 달라집니다.

마블의
과학
2.

앤트맨과
양자
역학

마블 유니버스에서 '앤트맨'의 캐릭터는 매우 독특합니다. 헐크와 캡틴 아메리카처럼 근육질도 아니고 신의 아들인 토르처럼 혈통이 우수하지도 않습니다. 그저 좀도둑에 불과했으나 우연히 앤트맨 수트를 입게 되면서 히어로로 새롭게 태어납니다. 한 가지 매력이 있다면 썰렁한 농담을 끊임없이 해대는 '잔망 미(美)' 정도랄까요.

앤트맨은 정의로운 세상을 꿈꾸지만, 현실은 생계형 좀도둑인 스캇 랭의 이야기죠. 교도소에서 갓 출소한 그는 일자리를 구하지 못해 방황하다가 마지막이라는 친구의 꾐에 넘어가 천재 과학자 행크 핌의 집을 털게 됩니다.

그러나 보석을 털기는커녕 행크가 쳐놓은 덫에 걸리고 맙니다. 행크는 경찰에 신고하지 않는 조건으로 스캇에게 한 가지 제안을 합니다. 자신이 개발한 첨단 수트와 헬멧을 착용하고 악의 세력에 맞서 싸우라는 것이죠. 과연 평범한 아저씨인 스캇은 딸에게

멋진 모습을 보여주는 히어로가 될 수 있을까요?

## 사소하지만 가장 큰 히어로

사실 스캇은 수트가 없으면 나이를 헛먹은 사고뭉치 옆집 아저씨에 불과합니다. 하지만 딸을 사랑하는 마음만큼은 그 누구도 따라올 수 없습니다. 그가 앤트맨이 돼 올바른 일을 해야겠다고 마음먹은 것도 딸에게 멋진 모습을 보여주기 위해서였죠.

행크 박사가 스캇을 선택한 것도 이 때문입니다. 자신의 영달과 공명심을 위해 옳은 일을 하는 사람보다는 자기의 모든 것을 내던져 '희생'할 수 있는 사람을 찾았던 것이죠. 히어로의 어깨에는 평범한 사람보다 더 큰 도덕과 정의의 무게가 가해지기 때문입니다. 특히 앤트맨의 핵심인 몸을 자유자재로 늘렸다 줄이는 기술에는 많은 위험이 따릅니다. 행크 박사 역시 앤트맨 수트 때문에 자신의 사랑하는 부인을 잃었고요.

앤트맨은 마블 작품 중 제일 가볍게 즐길 수 있는 가족 오락 영화입니다. 그러나 가장 과학적이며 이론적으로 난해한 주제를 다루고 있죠. 앤트맨의 핵심은 작아졌다 커졌다 변신하는 게 자유자재란 점입니다. 영화 속에서 행크 박사는 "원자 사이의 거리를 자유롭게 조정하는 기술을 개발해 앤트맨 수트를 만들었다"고 말하죠. 이때 원자 간 거리를 좁혔다 늘렸다 하는 물질을 두고 자신의 이름을 따 '핌 입자'라고 부릅니다. 그렇다면 과연 핌 입자

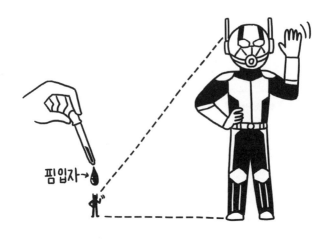

핌입자→

는 실제로 존재하는 것일까요? 이를 알기 위해선 양자 역학을 살펴봐야 합니다.

### 핌 입자와 양자 역학

결론부터 말하면 핌 입자는 상상의 산물입니다. 세상의 모든 물질은 원자로 이뤄져 있는데, 원자는 원자핵(+전하)과 그 주변을 도는 전자(-전하)로 구성돼 있습니다. 마치 지구와 다른 행성 형제들이 태양 주위를 도는 것과 마찬가지입니다. 그런데 태양과 행성들 사이의 우주 공간이 비어있는 것처럼 원자핵과 전자 사이의 공간도 비어있습니다. 그렇다면 그 빈 공간은 얼마나 될까요? 수소의 원자핵이 농구공만 하다고 생각하면 전자는 10km 밖에서 움직이고 있습니다. 전자의 크기는 거의 없다고 볼 만큼 매우 작

기 때문에, 서울시 1/3가량 크기의 공간에 농구공 하나 말고는 텅 비어있다고 봐도 무방합니다. 이렇게 생각하면 인간의 몸은 사실상 '텅 비어있는' 것과 마찬가집니다.

만일 농구공만한 크기의 수소 원자핵과 10km 떨어진 전자 사이의 거리를 좁힐 수만 있다면 영화 속 행크 박사가 말한 대로 앤트맨이 될 수 있습니다. 그러나 실제로 이런 일은 불가능합니다. 원자 속 빈 공간이 많은 건 사실이지만 그중 입자가 존재할 수 있는 영역은 매우 한정돼 있기 때문입니다. 이 영역에 들어있는 것을 양자[24]라 부르고, 양자가 존재할 수 없는 빈 공간을 '양자

---

[24] '양자(量子)'의 '量'은 '헤아리거나 짐작한다'는 뜻이다. 고전 물리학에서처럼 연속적인 값을 갖지 않기 때문에 '양자'라고 이름을 지었다. 그러므로 흔히 우리가 알고 있는 입자와는 성격이 다르다.

동공quantum void'이라 칭합니다.

　　또 앤트맨 기술은 '질량 보존의 법칙'에도 어긋납니다. 크기가 작아졌다고 해서 물체가 원래 갖고 있는 질량까지 줄어드는 것은 아닙니다. 만일 질량까지 줄이기 위해선 그만큼 에너지로 전환돼야 가능하죠. 이를 우리는 '에너지 보존의 법칙'이라고 부릅니다. 즉 질량이 있는 물체가 에너지로, 또는 에너지가 에너지로 전환될 때 그 총량은 변하지 않는다는 이야기입니다.

　　그러니 앤트맨처럼 크기를 작게 만들 수 있다 해도 질량은 그대로기 때문에 날개미를 타고 날아다니는 일은 불가능할 것입니다. 반대로 질량이 더 많아지려면 밖에서 에너지를 흡수해야 합니다. 제아무리 양자 역학을 활용한다 해도 물리학의 기본 법칙을 거스를 수는 없는 것이죠.

## 뉴턴 역학이 설명하지 못한 것들

과학 혁명의 서막을 화려하게 장식한 뉴턴의 역학은 움직이는 물체의 많은 것들을 설명합니다. 태양과 같은 항성(별)과 지구와 같은 행성의 움직임은 물론, 자동차와 공처럼 일상 속에서 움직이는 물체의 원리를 알 수 있게 해줍니다. 19세기까지만 해도 중력이 존재하는 공간에서의 모든 움직임은 뉴턴의 역학으로 해석될 수 있다고 생각했죠.

그러나 원자 모형으로 유명한 닐스 보어[25]와 같은 학자들이 미시 세계의 역학을 연구하면서 뉴턴 역학의 한계를 체감하기 시작합니다. 원자를 구성하고 있는 원자핵과 그 주변을 돌고 있는 전자의 움직임은 새로운 이론을 필요로 했습니다. 또 파동이라고만 여겨왔던 빛도 입자의 성격을 가진다[26]는 사실이 알려지면서 미시 세계를 대상으로 한 새로운 역학이 나오게 됐죠. 그것이 바로 양자 역학입니다.

오늘날 양자 역학은 원자의 세계를 잘 설명해줄 뿐만 아니라 각종 첨단 기술에도 많이 쓰이고 있습니다. CPU와 RAM 등의 반도체, 디스플레이, 원자력, 자기 부상 열차 등 기술 문명의 급속한 발전을 촉진시켰죠. 나아가 별의 구성 원소를 밝히는 데까지 사용되며 물리학의 전 분야에서 활용되고 있습니다.

---

[25] 덴마크의 물리학자. 고전적인 원자론에 양자 이론을 접목시켜 새로운 원자 모형을 발전시켰고, 이는 양자 역학이 발전하게 되는 계기가 되었다.
[26] 광자(光子). 빛은 파동과 입자의 성질을 모두 갖고 있다. 놀랍게도 빛도 입자라고 제일 먼저 주장한 사람은 뉴턴이다. 아인슈타인도 빛의 알갱이란 뜻에서 '빛알'을 이야기했다.

그렇다면 양자 역학이 도대체 뭔지 좀 더 자세히 알아보죠. 과학에서의 법칙과 이론은 자연 현상을 설명해줄 수 있을 뿐만 아니라 앞으로의 결과도 함께 예측할 수 있어야 합니다. 즉 인과 관계를 밝히는 것이 과학이기 때문에, x라는 독립 변수를 넣으면 y라는 종속 변수가 나오도록 함수를 만드는 것이 과학 이론의 본질입니다. 앞서 살펴본 중력과 가속도, 작용과 반작용 등의 현상은 뉴턴 역학으로 정확한 답을 구할 수 있었습니다.

그런데 원자와 같은 미시 세계로 들어가니 뉴턴 역학으로 도저히 설명되지 않는 일들이 벌어지기 시작했고, 과학자들은 이를 설명하기 위해 다양한 이론을 내놓게 됩니다. 예를 들어 보어의 이론에 따르면 원자의 내부는 불연속적 상태로 존재합니다. 원자핵을 도는 전자는 특별한 궤도상에만 존재하는데, 어느 한 궤도

여기로 이동하는 게
바로 퀀텀점프!!

짠!

여기서
사라졌다가...

뿅!

에서 다른 궤도로 넘어가려면 그냥 점프를 해야 합니다. 그 사이를 연속적으로(뉴턴의 역학에 따른 비례 또는 정비례 함수로) 이동할 수 없다는 이야기죠. A라는 궤도를 돌다 갑자기 B라는 궤도에 나타나는 식입니다. 우리가 흔히 부르는 '퀀텀 점프'란 이런 원자 내부에서의 현상을 가리킵니다.

　　베르너 하이젠베르크[27]는 이에 더해 '불확정성 원리'를 주장합니다. 즉 입자는 파동의 성격을 함께 갖기 때문에 입자성과 파동성은 서로 영향을 미쳐 '확률'의 상태로 존재한다는 것입니다. 쉽게 말해 뉴턴 역학에서 'A는 B가 아니고 C다'라고 말할 수 있었다면, 양자 역학에서는 'A는 B일 확률이 49%이고 C일 확률이

---

[27]　닐스 보어의 원자 모형이 지닌 문제를 해결하고 양자 역학을 체계화함으로써 '양자 역학의 창시자'로 불리는 독일 물리학자.

51%다'라고 설명하는 것이죠. 즉, 미시 세계에서 입자의 위치와 운동량은 불확정적인 확률로 표현된다는 이야기입니다.

## 슈뢰딩거의 고양이

앞서 양자 역학은 확률로 표시된다고 했습니다. 그런데 이를 반박한 사람이 있으니 바로 에르빈 슈뢰딩거[1887~1961][28]입니다. 그는 '슈뢰딩거의 고양이'란 사고 실험으로 유명하죠. 20세기가 낳은 최고의 천재 중 한 명인 스티븐 호킹[29]마저 "누군가 슈뢰딩거의 고양이 이야기를 꺼낸다면 난 조용히 총을 들 것"이라고 말할 만큼 어려운 문제입니다. 그러나 내용은 오히려 간단합니다.

슈뢰딩거는 이런 상상을 했습니다. 한 마리의 고양이가 철로 만들어진 상자 안에 갇혀있습니다. 여기에는 방사성 물질이 있는데 이는 1시간에 50%의 확률로 핵분열을 합니다. 만일 핵분열이 일어나면 망치가 작동해 청산가리가 담긴 유리병을 깨트리게 되죠. 즉, 핵분열이 일어나면 고양이는 죽고, 일어나지 않으면 고양이는 살아있는 것입니다. 이런 조건에서 한 시간 후 고양이는 어떤 상태일까요?

정답은 반반입니다. 1시간 내 핵분열 확률이 50%이기 때

---

[28] 오스트리아의 이론 물리학자로 파동 역학의 건설자이다. 양자의 움직임을 수학적으로 풀어내는 파동 함수를 연구했다.

[29] 영국의 이론 물리학자로, 현대 물리학의 대표적 인물로 꼽힌다. 우주와 양자 중력에 대한 연구를 통해, '특이점 정리'와 '호킹 복사' 같은 업적을 남겼다.

문이죠. 결국은 우리가 직접 상자를 열어보기 전에는 고양이의 생사를 알 수 없습니다. 양자 역학의 확률론에 따르면 이 고양이는 살아있는 상태와 죽어있는 상태가 중첩돼 있습니다. 하지만 슈뢰딩거는 이런 어정쩡한 태도를 싫어했습니다. 슈뢰딩거는 "뚜껑을 열었을 때 고양이는 살았거나 죽었거나 둘 중 하나다, 삶과 죽음의 중간은 없다"고 했죠. 그는 원자 안에서 전자의 위치도 마찬가지라고 말합니다. 'A는 B일 확률 49%이고 C일 확률은 51%다'로 말해선 안 되고 'A는 B가 아니고 C다'라고 말할 수 있어야 한다는 것이죠. 즉, 우리가 뚜껑을 열어 고양이의 위치를 확인한 순간 '살았다, 죽었다'를 말할 수 있는 것처럼, 관측 당시 전자의 위치는 '여기다'라고 확정이 가능하다는 주장을 펼쳤습니다. 이렇게 원래는 앞서 나온 확률론을 반박하기 위한 것이었으나, 아이러니하게도 이 실험은 훗날 양자 역학을 가장 잘 설명하는 사례로 쓰이게 되고 양자 역학 발전사의 한 축을 담당합니다.

오늘날 양자 역학은 원자핵 주변을 도는 전자, 빛의 입자를 뜻하는 광자의 움직임을 설명하는 데 최적화된 이론입니다. 양자 역학에선 전자가 단순 입자일 뿐 아니라 파동의 성격도 가집니다. 슈뢰딩거는 전자의 파동 방정식을 연구했는데, 훗날 슈뢰딩거의 방정식으로 불리게 됩니다. 아이러니하게도 처음 양자 역학에 부정적이었던 그가 1926년 발표한 파동 방정식은 오히려 양자 역학의 기틀을 완성했다는 평가를 받으며 1933년 노벨 물리학상을 받습니다.

빛이 파동이자 입자인 것처럼, 전자도 입자이자 파동의 성격을 갖고 있습니다. 그러므로 빛이 전자에 닿는다는 것은 파동이 중첩되는 것이면서 동시에 입자가 부딪히는 것이기도 합니다. 슈뢰딩거의 고양이 예시에서처럼 '관측'이 중요한 이유가 그 때문입니다. 미시 세계에서 관측은 현상에 영향을 미치는 매우 중요한 변수입니다. 보통 관측은 일반적으로 무엇을 '본다'는 뜻인데, 우리는 물질에 반사된 빛을 볼 뿐 그 실체를 꿰뚫을 수는 없습니다. 그러나 이때 빛의 광자가 전자를 때리면 전자는 그 영향으로 관측 전과 상황이 달라질 수 있습니다. 즉 관찰 행위가 현상을 바꾸게 되는 것이죠.

김상욱 경희대 교수는 "자동차가 움직이고, 심장이 뛰고, 스마트폰이 울리고, 밥을 먹으면 힘이 나는 등 모든 자연 현상의

99%를 설명하는 이론이 슈뢰딩거 방정식"이라며 "세상 만물은 원자로 되어있고, 이 방정식은 원자를 설명하기 때문"[30]이라고 말합니다. 실제로 이 방정식은 원자 현미경은 물론 원자력 발전, 양자 컴퓨터 등 다양한 산업에서 핵심 이론으로 쓰입니다. 그 때문에 '고전 역학에선 뉴턴의 세 가지 운동 법칙이 있듯, 양자 역학에는 슈뢰딩거 방정식이 있다'고 말합니다.

30  김상욱, 「당신이 본 스마트폰은 여기 그대로 있지만 당신이 보려던 전자는 이미 그 자리에 없다」, 경향신문, 2017. 9. 7.

## 앤트맨의 양자 텔레파시?

영화 『앤트맨과 와스프』에는 앤트맨이 와스프의 어머니에 빙의한 듯 보이는 장면이 나옵니다. 오래 전 양자의 세계에 갇혀 원자보다도 작아진 그녀가 우연한 계기로 앤트맨과 소통을 할 수 있게 된 것이죠.

이는 양자 역학의 '양자 얽힘'을 모티브로 했습니다. 물론 현실에선 불가능한 일이지만 양자의 세계에선 가능할지도 모르는 일이죠. "양자 역학을 완벽히 이해한 사람은 없다"는 리처드 파인만[31]의 말처럼 우리는 양자의 세계에 대해 아는 것보다 모르는 것이 더 많기 때문입니다.

양자 얽힘을 쉽게 설명하면 다음과 같습니다. 여기 2개의 주사위가 있는데 둘의 합은 무조건 8이 돼야 합니다. A라는 주사위를 던져서 5가 나왔다면, B는 3이 되는 식이죠. 만일 서울에 있는 민수가 A주사위를, 공간이 멀리 떨어진 부산의 수지가 B주사위를 던져도 원칙은 동일합니다. 좀 더 상상력을 발휘해 더 멀리 가더라도 마찬가지입니다. 즉, 지구에 있는 A주사위에서 2가 나왔다면 태양에서 가장 가까운(4.37광년) 별인 알파 센타우리의 B주사위는 6입니다. 그리고 우리는 A주사위를 던져 땅에 떨어진 순간 B주사위의 값이 뭔지 알게 됩니다. A와 B의 합은 반드시 8이 돼야 하기 때문이죠.

---

[31] 양자 전기 역학에 지대한 공헌을 한 이론 물리학자. 다방면에 걸친 그의 연구는 입자 물리학뿐만 아니라 나노 과학 기술, 양자 컴퓨터 등 새로운 첨단 기술의 장을 열었다.

미시 세계의 입자들은 때론 이런 '양자 얽힘' 상황에 놓입니다. 즉, A의 값이 정해지면 저절로 B의 값이 결정되는 것이죠. 앞에서 살펴본 불확정성의 원리처럼 광자는 다양한 가능성을 갖고 있지만, 측정 순간 하나의 상태가 결정되면 이것과 양자 얽힘에 있는 다른 광자도 그 상태를 즉시 알 수 있게 됩니다. 물론 두 광자 사이의 거리는 중요하지 않습니다. 이쯤 되면 운명 공동체라고 불러도 좋겠군요. 이런 생각에 부정적이었던 아인슈타인은 "유령 같은 원격 작용"이라며 인정하지 않았습니다.

결국 지구와 알파 센타우리 사이 있는 주사위들의 정보 교류(A가 2일 때 B가 6이 되는)는 빛의 속도로 메시지를 전달하는 시간(4.37년)보다 훨씬 빠릅니다. 왜냐하면 A가 2가 되는 사건과 B가 6이 되는 사건은 동시에 일어나기 때문이죠. 이런 생각에 기초해서 어벤져스 4편에서는 아이언맨이 과거로 돌아가는 스토리를 상상하게 됩니다. 양자 얽힘은 양자 역학에서 분명히 존재하는 이론이지만, 영화 속 내용은 그저 허구일 뿐이라는 사실을 잊어선 안 되겠습니다.


### 읽을거리 ◆ 신은 주사위 놀이를 하지 않는다

1927년 10월 24일은 양자 역학의 역사에서 매우 의미가 깊은 날입니다. 벨기에 브뤼셀에서 물리·화학계의 주요 인사들이 모여 심포지엄을 진행했습니다. 이날의 주제는 '전자와 광자'였는데, 당시 가장 '핫'했던 양자 역학에 대해 활발한 토론이 벌어졌습니다.

이 회의에는 아인슈타인, 슈뢰딩거, 보어, 막스 플랑크, 마리 퀴리 등 쟁쟁한 과학자들이 참여했고, 참가자 중 17명이 노벨상을 받았습니다. 가히 과학계의 '어벤져스'라고 부를 만했죠.

당시 아인슈타인은 슈뢰딩거의 고양이를 지지하는 발언(슈뢰딩거가 원래 의도했던)으로 각을 세웠습니다. 즉, 보어와 하이젠베르크 등이 주장한 확률론에 반박해 "신은 주사위놀이를 하지 않는다"고 한 것이죠. 여기서 신은 물리 법칙을, 주사위 놀이는 확률을 뜻합니다. 슈뢰딩거의 고양이 실험에서 봤듯, 생과 사가 확률적으로 중첩돼 존재할 수는 없다는 게 요지였습니다.

그러자 보어는 "신이 무엇을 할지 당신이 결정하지 말라"고 반박했습니다. 물리학계의 대선배로서 한참 후배들에게 조언을 했다 '한 방' 먹은 셈이었죠. 그러자 아인슈타인은 심포지엄이 진행되는 며칠 동안 양자 역학의 모순을 지적하는 문제를 아침마다 냈고, 보어를 비롯한 후배들은 저녁쯤엔 해결책을 제시했습니다.

당시 이 논쟁에 참여했던 하이젠베르크는 이런 기 싸움이 6일간 지속됐다고 말합니다. 이후 양자 역학 논쟁에 젊고 유능한 신진 과학자들이 대거 참여하면서 이론은 더욱 정교해졌습니다.

양자 역학을 비판했던 아인슈타인의 논쟁이 오히려 양자 역학을 발전시킨 계기가 된 것이었죠.

양자 역학이란 말은 1924년 독일의 물리학자 막스 보른이 처음 썼습니다. 그는 전자의 확률적 성격을 처음 주장한 사람 중 하나였는데, 1921년 괴팅겐 대학 이론 물리학 연구소장에 부임한 이후 '괴팅겐 학파'를 이끌며 핵 물리학을 이론화하는 데 큰 역할을 했죠. 그 역시 노벨 물리학상 수상자로 그의 휘하에는 원자 폭탄의 아버지 오펜하이머[32], 엔리코 페르미(1938년 노벨 물리학상), 유진 폴 위그너(1963년 노벨 물리학상) 등의 쟁쟁한 과학자들이 있었습니다. 불확정성의 원리로 유명한 하이젠베르크 역시 괴팅겐 학파입니다.

---

[32] 미국의 원자 폭탄 개발을 진두지휘했던 오펜하이머는 널리 알려진 과학자임에도 불구하고 노벨상을 받지 못했다. 그가 개발한 원자 폭탄은 히로시마에는 '리틀 보이(Little boy)'란 이름으로, 나가사키에는 '팻 맨(Fat man)'이란 이름으로 투하됐다. 원폭 피해의 참상을 본 후 반핵 운동가로 전향했다.

인터
스텔라의

블랙홀
부터
빅뱅
까지

"우리는 답을 찾을 것이다, 늘 그래 왔듯이." 영화 『인터스텔라』의 명대사죠. 이 작품은 위기에 몰린 인류가 새로운 행성을 찾아 떠나는 이야기입니다. 한국에서도 1000만 명이 넘게 볼 만큼 흥행에 성공했죠.

사실 다른 별로 이전한다는 것은 현대 과학 기술로는 어림없는 일입니다. 인류가 가진 가장 빠른 우주 탐사선의 속도가 시속 6만km인데, 태양계 바깥의 가장 가까운 별을 가려 해도 10만 년이 걸리죠. 빛의 속도로 달릴 수 있는 우주선이 있다 해도 문제인데, 왜냐하면 인류가 닿을 수 있는 거리에는 지구를 대신할 만한 행성이 없기 때문입니다.

그래서 이 영화는 '웜홀'이라는 과학 이론을 차용합니다. 웜홀은 우주 공간에서 일종의 지름길 역할을 합니다. 어느 날 토성에 웜홀의 문이 열리고 인류는 우주를 도약할 수 있는 기회를 얻게 되는데요, 이를 연구하기 위해 서로 다른 시간에 떠난 부녀의 애틋한 사랑이 영화의 배경에 자리합니다.

## 블랙홀, 웜홀, 화이트홀

『인터스텔라』가 블랙홀에 관한 실제 과학 이론에 기반했다는 것은 널리 알려진 사실입니다. 실제로 이 영화는 SF의 거장 스티븐 스필버그에 의해 처음 기획됐는데, 각본가 조나단 놀란이 집필을 맡았습니다. 놀란은 블랙홀 이론의 밑바탕이 되는 아인슈타인의 일반 상대성 이론을 공부하기 위해 물리학자 킵 손[33]을 찾아갑니다. 손은 현대 물리학의 거장으로 2018년 작고한 스티븐 호킹과 '절친'입니다. 블랙홀을 둘러싼 두 사람의 내기는 과학계에서 매우 유명한 일화 중 하나죠.

이 이야기는 1971년 9월 폴 머딘과 루이즈 웹스터가 발표한 논문에서 시작됩니다. 이들은 백조자리에 있는 수백 개의 별(항

---

[33] 미국의 이론 물리학자. '라이고 프로젝트'를 추진하여 중력파 관측에 기여한 공로로 노벨 물리학상을 받았다. 라이고 프로젝트(LIGO, 레이저 간섭계 중력파 청문대Laser Interferometer Gravitational Wave Obserbatory)는 '먼 우주에서 출발하여 지구에 도달하는 공간의 잔물결을 탐색'하는 프로젝트로, 이 잔물결이 바로 '중력파(gravitating wave)'이다.

성)을 관측하면서 'X-1'이라고 명명한 독특한 별을 목격하죠. 마치 지구가 태양 주위를 돌 듯 계속 공전을 하는 것이 관측됩니다. 주기는 5.6일로 매우 짧았고요. 연구자들은 두 개의 별이 나란히 존재하는 쌍성이라고 생각했습니다. 문제는 다른 하나의 별이 보이지 않는다는 것이었습니다. 여기서 쌍성은 서로의 중력에 이끌려 함께 존재하는 커플이라고 생각하면 쉽습니다.

그러나 X-1의 공전 현상으로 봐선 특정 위치에 분명히 큰 중력을 가진 항성이 있어야 했습니다. 하지만 공전 궤도의 중심은 어둡기만 했습니다. 즉 있어야 할 별이 보이지 않았고 별에서 나오는 스펙트럼조차 관측되지 않았죠. 대신 강력한 X선을 방출한다는 사실이 발견됐습니다. 이는 중력을 가진 무언가가 존재한다는 증거였죠.

머딘과 웹스터는 보이지 않는 별의 질량을 태양의 6배로 추정했고, 이것이 블랙홀이라는 결론을 내렸습니다. 훗날 보완된 연구에 따르면 이것의 질량은 태양의 8.7배이며 지구로부터 약 6000광년 떨어져 있다고 합니다. 이것이 바로 인류가 발견한 최초의 블랙홀이었습니다.

그러나 이 논문이 처음 나왔을 땐, 그들의 이론에 회의를 품은 사람이 많았습니다. 심지어 손과 호킹은 각각 블랙홀이다, 아니다를 놓고 내기까지 하는데, 보상은 이긴 사람에게 포르노 잡지를 구독시켜주는 것이었습니다. 이후 X-1이 블랙홀이라는 증거가 계속 발견되면서 학계에서도 공식 인정하기에 이르죠. 결국 1990년 호킹은 손에게 1년치 펜트하우스 구독권을 끊어줍니다. 내기

에 졌다고 시인하면서 말이죠.

이후 블랙홀에 심취한 손은 웜홀 연구까지 진행하게 됩니다. 쉽게 말해 웜홀이란, 블랙홀의 반대인 '화이트홀'과 이어주는 연결 통로를 말합니다. 과학자들은 모든 걸 빨아들이는 블랙홀이 있다면, 반대로 모든 것이 배출되는 무언가도 있을 것이라 추측했고, 이를 화이트홀이라 명명했습니다. 그러나 화이트홀의 존재는 아직 규명된 바 없습니다. 그럼에도 웜홀이 시간 여행의 소재로 쓰이는 이유는 웜홀을 통하면 물리적으로 갈 수 없는 먼 거리를 한 번에 도약해서 갈 수 있기 때문입니다.

예를 들어 A4 용지의 제일 윗부분에 A라는 점을, 맨 아래에는 B라는 점을 찍었다고 생각해보죠. 그리고 A에서 B까지 개미

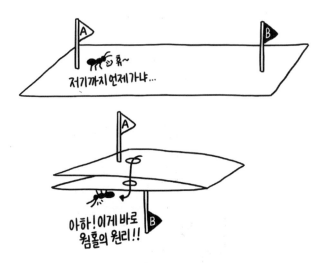

가 이동한다고 가정해봅시다. 개미가 제일 빨리 가는 방법은 뭘까요? 바로 직선으로 기어가는 것입니다. 구불구불하게 가거나 포물선을 그리며 가면 훨씬 더 오래 걸리겠죠.

그런데 만일 A와 B의 점이 포개지도록 종이를 접고 두 점 사이의 구멍을 뚫는다면 어떨까요. 아무리 작은 개미라도 한 걸음이면 갈 수 있을 것입니다. 이때 두 점을 연결하는 구멍이 바로 웜홀입니다. 웜홀은 시공간의 휘어짐 속에 나타나기 때문에 우리가 아는 거리의 개념이 그대로 적용되지 않습니다. 이런 웜홀의 원리를 이용해 다른 은하로 가는 여정을 담은 영화가 『인터스텔라』입니다.

훗날 손은 영화 각본을 집필하던 놀란을 제자로 받아들여 블랙홀 이론을 전수했습니다. 그런데 놀란이 각본을 완성할 때쯤 처음 영화화를 제안한 스필버그는 다른 회사로 옮긴 상태였습니다. 그래서 놀란은 『인셉션』과 『배트맨』 시리즈 등을 연출한 자신의 형 크리스토퍼에게 연출을 제안하죠. 대작을 만들어낸 두 형제의 노력으로, 이 영화는 '완벽한 블랙홀 영화', '상대성 이론의 교과서'와 같은 평을 듣게 됩니다.

## 블랙홀과 상대성 이론

블랙홀을 간단히 정의하면 중력이 매우 커서 빛까지 빨아들이는 존재라고 말할 수 있습니다. 아시다시피 중력을 처음 이론화한 것은 뉴턴이죠. 그러나 뉴턴의 법칙은 중력의 결과만 이야기합니다. 질량을 가진 물체는 끌어당기는 힘이 있고, 지구상의 모든 물체는 지구의 중력 작용으로 인해 우주 바깥으로 튕겨나가지 않습니다. 마찬가지로 지구는 자신보다 더 큰 질량을 가진 태양 주위를 공전하죠.

그러나 뉴턴의 법칙만으로는 중력의 실체가 완전히 설명되지 않습니다. 이때 아인슈타인이 등장합니다. 뉴턴의 사과가 수직 낙하라면, 아인슈타인의 사과는 곡선 운동입니다. 예를 들어 사과를 아주 세게 하늘로 던져 대기권 밖으로 나갔다고 가정해보죠. 이 사과는 분명 중력에 의해 낙하를 하게 됩니다. 그런데 뉴턴의 사과처럼 직선으로 바로 떨어지는 것이 아니라 곡선을 그리며 운동합니다. 마치 인공위성이 지구 궤도를 도는 것과 비슷하죠.

아인슈타인은 여기서 착안해 이런 가설을 세웁니다. '질량이 있는 모든 것은 주변을 휘게 만든다.' 앞서 중력을 설명하기 위해 보자기 위에 배구공을 올려놓은 것을 떠올리면 이해하기 쉽습니다. 평평했던 보자기에 공이 올라간 순간 배구공이 놓인 가운데가 밑으로 쏠리게 되죠. 곡면이 만들어진(공간이 휘어진) 상태에서 직선을 그린 후 나중에 보자기를 펴서 보면 직선은 곡선이 돼있을 것입니다. 반대로 평평한 보자기에 직선을 그린 후 배구공을 올려놓고 보면 곡선으로 보일 것이고요.

이것이 바로 아인슈타인의 일반 상대성 이론입니다. 질량을 가진 것은 시공간을 휘게 만들죠. 달이 지구를, 지구가 태양을 도는 것도 중력이 만들어낸 휘어짐 때문입니다. 중력은 빛도 휘어지게 합니다. 빛은 언제나 직진을 하려고 하지만 멀리서 보면 휘어진 공간에 따라 움직입니다. 이는 기차가 굽은 철로를 따라 이동하는 것과 같습니다. 기차는 직진하지만 멀리서 보면 곡선으로 움직이는 것처럼 보이죠.

이런 중력의 힘이 무한대가 되면 시공간을 모두 뒤틀어버립니다. 즉, 주변의 모든 것을 빨아들여 시공간의 구분이 무의미해지는 것이죠.『인터스텔라』에는 중력이 어떻게 시간까지 흔들어놓는지 좋은 예시가 나옵니다. 인류의 새로운 터전을 찾아 떠난 주인공 일행이 먼저 파견된 탐사선의 데이터를 찾기 위해 지구인이 이전할 후보 행성 중 한 곳에 착륙합니다. 그런데 이 행성에 단지 몇 시간 밖에 있지 않았는데 지구 시간으로 23년 4개월이나 지나버립니다. 행성의 중력이 너무 강해 본인들의 시간이 천천히 흐른 것이었죠.

아인슈타인이 먼저 발표한 특수 상대성 이론의 핵심은 빠

르게 이동하는 물체에서의 시간이 천천히 간다는 것이었죠. 그런데 이를 발전시킨 일반 상대성 이론의 핵심은 중력이 강한 곳에서의 시간도 느리게 흐른다는 것입니다. 중력이 시공간을 휘게 만든다는 것은 이런 뜻입니다.

그럼 블랙홀은 어떻게 만들어질까요? 매우 큰 질량을 가진 별이 아주 작은 부피로 압축되면 밀도가 높아지고 중력 역시 상상할 수 없을 만큼 커집니다. 그러면서 주변의 모든 것들을 빨아들이고 어느 순간 옆을 지나가는 빛까지 흡수해버립니다. 바로 블랙홀의 탄생입니다. 모든 빛을 빨아들이기에 블랙홀은 눈에 보이지 않습니다. 백조자리 X-1의 쌍성이 관측되지 않았던 것처럼 말이죠.

### 아인슈타인은 블랙홀을 안 믿었다?

앞서 살펴본 일반 상대성 이론의 핵심은 '중력장 방정식'입니다. 중력에 따른 시공간의 휘어짐을 수학적으로 표현한 것인데, 이 방정식을 통해 블랙홀도 설명할 수 있습니다. 그런데 흥미로운 것은 아인슈타인이 처음부터 블랙홀을 생각한 건 아니라는 점입니다. 그렇다면 누가 처음 그의 일반 상대성 이론에서 블랙홀을 떠올린 것일까요?

일반 상대성 이론이 발표되고 얼마 후 무명의 과학자로부터 편지가 한 통 옵니다. 그는 독일군 장교이자 물리학자인 칼 슈

바르츠실트[34]였습니다. 1차 대전이 한창 진행 중이던 참호 안에서 아인슈타인의 논문을 접하고 자신의 생각을 적어 편지를 보냈던 것이죠.

특히 아인슈타인이 생각지 못한 부분까지 깔끔하게 정리를 해냈는데, 그중에서도 제일 눈에 띄는 대목은 이 편지의 결론이었습니다. 중력장 방정식에 따르면, 매우 큰 질량과 강한 중력을 가진 별에서는 빛조차 빠져나오지 못하고, 그 때문에 검게 보인다는 것이었죠.

물론 슈바르츠실트는 블랙홀이란 표현을 쓰지 않았고, 실제 존재하는지도 몰랐을 것입니다. 다만 그는 이런 상상을 했습니

---

[34]  독일의 천문학 교수였던 그는 1차 세계 대전에 종군하다가 전사했다.

다. 빛조차 빠져나올 수 없는 암흑의 별 주변에는 '마술의 구'[35]가 있고, 이를 경계로 빛까지 모두 흡수되기 때문에 시공간이 매우 심하게 뒤틀려 있다는 것입니다. 오늘날 우리가 블랙홀이라고 부르는 것과 개념이 똑같습니다. 중력이 빛을 휘게 만든다고 말한 아인슈타인조차 생각지 못한 사실이었죠.

블랙홀이란 이름을 붙인 것은 미국의 과학자인 존 아치볼드 휠러[36]입니다. 1967년 미국 항공우주국NASA의 한 토론회에서 블랙홀이란 말을 처음 썼죠. 그리고 몇 년 후 앞서 살펴본 것처럼 백조자리 X-1이 인류가 발견한 첫 블랙홀이라는 타이틀을 갖게 됐습니다. 특히 휠러는 웜홀의 개념을 처음 창안해낸 사람입니다. 현대 블랙홀 이론의 거장인 킵 손의 스승이기도 하고요.

## 상대성 이론과 우주 형성의 비밀

일반 상대성 이론에 따르면 우주의 근원과 미래도 예측할

---

[35]  오늘날엔 이를 '사건의 지평선'이라고 부른다. 즉 블랙홀의 경계선이다. 블랙홀에 가까워질수록 중력의 영향이 크기 때문에 일정 거리에 달하면 빛조차 흡수돼버린다. 이때 빛이 빠져나올 수 없는 최대 반경을 '슈바르츠쉴트 반경'이라고 부르며, 이것이 만드는 전체 구의 표면을 사건의 지평선이라고 부른다. 지평선 안쪽에서 일어난 일은 밖에서 관찰이 불가능하다. 인터스텔라에서는 지평선 안쪽으로 들어간 주인공이 시공간을 뛰어넘어 어린 시절의 딸과 소통하는 모습을 보여준다. 하지만 현대 과학에서는 블랙홀의 내부를 볼 수도 없고 알 수도 없다. 한 번 블랙홀에 빨려 들어가면 빛조차 나올 수 없기 때문이다.

[36]  휠러는 어려운 과학 이론을 알기 쉽고 직관적인 언어로 표현하는 솜씨가 좋았다. '비트에서 존재로'와 같은 명언을 남기면서 '시인을 위한 물리학자'로 불렸다.

수 있습니다. 아인슈타인 이전까지 과학자들은 우주가 팽창한다고 생각해본 적이 없었죠. 우주는 그저 무한하고 정적인 것으로만 여겼습니다. 그러나 일반 상대성 이론 이후 우주가 팽창하거나 반대로 수축할 수 있다는 사실을 알게 됐습니다.

이를 실제로 증명한 이는 에드윈 허블[37]입니다. 그는 자신이 만든 망원경을 통해 우주가 팽창하고 있다는 사실을 밝혀냈습니다. 천문학자인 허블은 우주 멀리에서 오는 빛을 관측하면서 적색 스펙트럼을 발견했는데요. '적색 편이'라 불리는 이것은 빛의 광원이 관찰자로부터 멀어질 때 보이는 현상입니다.

이는 '도플러 효과'로 설명됩니다. 모든 파동은 움직임에 따라 파장이 달라지죠. 다가올 때는 파장이 짧아지고, 멀어질 때는 파장이 길어집니다. 가시광선 중에 파장이 짧으면 파란색을 띠고, 파장이 길면 빨간색을 보입니다.[38]

이는 음파도 마찬가지인데요. 경광등을 켜고 달리는 경찰차를 생각해보죠. 경찰차가 우리에게 가까워질 때는 소리도 크고 높게 들립니다. 반면 멀어질 때는 소리도 작고 낮게 들리죠. 높은 소리는 파장이 짧고, 낮은 소리는 파장이 길기 때문입니다.

즉, 우주 멀리에서 오는 빛이 파장이 긴 적색 편이 현상을

---

[37] 우주가 팽창한다는 사실을 뒷받침하는 그의 연구는 '빅뱅 이론'의 기초가 되었다.

[38] 우리가 물체를 보는 것은 그 물체가 반사한 빛을 보는 것과 같다. 즉 검은 운동화는 검은빛을, 노란 우비는 노란빛을 반사한다. 이와 같은 빛의 현상을 제대로 분석한 최초의 과학자는 뉴턴이다. 그는 프리즘에 빛을 비춰 굴절되는 정도를 측정했다. 빨간빛은 적게 꺾이고, 보랏빛은 많이 꺾이는데, 이는 빛의 파장이 각기 다르기 때문이다. 인간이 눈으로 볼 수 있는 빛을 가시광선이라고 하는데, 프리즘에 굴절되는 정도로 빛을 분류할 때 빨간빛 안쪽의 것을 적외선, 보랏빛 바깥쪽의 것을 자외선이라고 한다.

우주는 계속 팽창하고 멀어지는 별일수록 붉게 빛난다!

후~~~

보인다면 지구로부터 점차 멀어지고 있다는 뜻입니다. 허블은 여기에 더해 더 멀리 있는 별일수록 적색 편이 현상이 심하다는 것을 발견했습니다. 즉, 지구에서 먼 거리의 은하일수록 가까운 은하보다 더 빠른 속도로 멀어지고 있다는 의미입니다.

이처럼 우주가 팽창한다는 사실을 알게 된 과학자들은 이제 근본적 문제의식을 갖게 됩니다. 부풀어 오르는 풍선처럼 우주가 팽창하고 있는 것이라면, 처음에 그 시작점이 있어야 하지 않느냐는 것이죠. 손바닥만 한 풍선이든, 자동차만 한 애드벌룬이든, 처음 공기가 들어갔을 때와 같은 출발선이 있어야 한다는 뜻입니다. 과학자들은 이를 '특이점'이라 정의하고, 우주가 처음 팽창하기 시작한 때를 '빅뱅'이라고 부릅니다.

빅뱅은 138억 년 전에 일어났습니다. 태초에 있던 특이점에는 우주 전체의 질량과 시공간이 담겨있었죠. 점의 크기가 얼마만 했는지는 알 수 없습니다. 특이점 이전에 무엇이 있었는지, 이 역시 모릅니다. 그저 특이점이란 것에서 빅뱅이 일어났고, 그때부터 우주의 역사가 시작됐을 뿐입니다.

사실 빅뱅이라는 어감과 달리 특이점에서 거대한 폭발이 있었는지는 알 수 없습니다. 앞서 풍선을 예시로 우주의 팽창을 설명했는데, 처음 풍선을 불 때 펑하고 터지는 일이 생겨나진 않죠. 당시 현상을 정확히 표현할 방법이 없다 보니 빅뱅이라고 부르는 것입니다.

빅뱅이 있고 38만년이 지나서야 최초의 빛이 생겨났습니다. 초기 우주는 우리가 상상할 수 없을 만큼 뜨거워서 물질이라고 부를 만한 게 없었죠. 우주가 팽창하면서 점점 식어가기 시작했고, 수소와 헬륨 같은 원시적인 원자들이 생겨났습니다. 이때 나타난 빛을 우리는 '우주 배경 복사'[39]라고 부릅니다. 태고적 우주의 기억을 간직한 화석과도 같은 것이죠.

처음 스스로 빛나는 별, 즉 항성이 나타난 게 언제인지는 확실하지 않습니다. 대략 빅뱅 이후 1억~2억5000년 사이로 추정합니다. 이때의 별은 태양보다 수십~수백 배 크고, 밝기는 수백만 배 이상이었을 것이라고 예측합니다. 초기 우주엔 수소와 헬륨이 99% 이상이었고, 소량의 리튬이 있었다고 합니다. 그러나 별

---

[39]  우주 배경 복사는 미국의 천문학자 아노 펜지어스와 로버트 윌슨이 처음 발견했다. 신호가 너무 약해서 감지하기조차 어려운 까닭에, 과학자들이 우주 배경 복사를 처음 발견한 지는 아직 50여년 밖에 안 됐다.

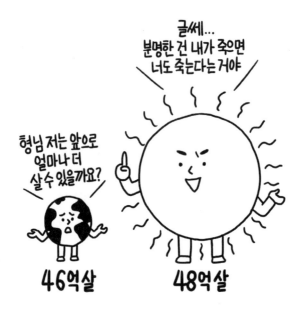

의 탄생과 함께 새로운 원소들이 생겨납니다. 별은 그 자체가 핵융합 반응을 일으키기 때문이죠. 태양이 만들어진 것은 빅뱅 후 90억 년, 지구는 92억 년 후입니다. 역산하면 지구의 나이는 46억 살이라는 이야기죠.

태양처럼 스스로 빛나는 항성은 우리은하에만 1000억 개가 있습니다. 은하는 별들의 집단을 이야기하죠. 그렇다면 은하는 몇 개나 될까요? 은하의 개수를 놓고선 과학자들 사이에서도 의견이 분분합니다.

가장 최근 연구에선 이전까지 우리가 예상했던 것보다 은하의 개수가 10배나 많다는 보고서가 나왔습니다. 2016년 영국 노팅엄대 크리스토퍼 콘셀리스 교수팀은 국제학술지인 『천체물리학저널』에서 허블 우주 망원경 등으로 관측한 은하 정보를 3D

로 전환해보니 현재의 망원경 기술로 보이지 않는 은하가 훨씬 많다고 보고했죠. 그러면서 기존 예측치(2000억 개)보다 10배 많은 2조 개를 예상했습니다.[40] 우주라는 공간은 정말 상상할 수 없을 만큼 방대한 공간입니다.

### 읽을거리 ♦ 빅뱅은 그 이론을 반대하는 사람이 지었다?

현대 물리학에 뛰어난 업적을 남긴 스티븐 호킹이 2018년 3월 사망했습니다. 우주가 빅뱅으로 시작해 블랙홀로 끝날 것이라던 호킹은 아인슈타인 이후 우주를 질서정연하게 설명한 최고의 물리학자였습니다. 그런데 블랙홀에 관한 새로운 발견을 보지 못한 채 생을 마감해 과학계에서 많이 안타까워했죠.

2019년 4월 미국과학재단은 200여 명의 과학자가 8개의 전파 망원경을 활용해 사상 최대의 블랙홀을 관측하는 데 성공했다고 발표했습니다. 연구팀은 처녀자리 근처의 거대 은하인 M87의 중심에 있는 블랙홀을 찾아냈는데, 이는 지구로부터 무려 5500만 광년이나 떨어져 있으며 질량은 태양의 65억 배에 달한다고 합니다. 앞서 최초 발견된 백조자리 X-1과는 비교할 수 없을 만큼 거대한 크기죠.

그러나 이 블랙홀이 현재도 존재하는지, 어떻게 변했는지는 알 수 없습니다. 빛의 속도로 5500만 년을 날아가야 할 거리에 있기 때문입니다. 즉, 우리가 보는 이 블랙

---

40  「"우주에 은하 2조 개 있다"…기존 추정치보다 10배 많아」, 연합뉴스, 2016. 10. 14.

홀의 모습은 5500만 년 전의 것이란 이야기입니다. 또 우주가 팽창하기 때문에 현재 이 블랙홀과 지구 사이의 거리는 더 멀어졌죠.

이처럼 우주 팽창은 빅뱅 이론의 핵심입니다. 사실 빅뱅 이론이 처음 나왔을 때는 비판 여론이 많았습니다. 그때는 빅뱅이라는 말 자체도 없었죠. 1949년 우주 팽창을 부정하던 프레드 호일이라는 천문학자가 있었습니다. 그는 한 라디오 프로그램에 출연해 우주가 한 점에서부터 시작됐고 점점 팽창하고 있다는 이론을 비판할 목적으로 빅뱅이라고 표현했습니다. 즉, '우주가 한순간에 펑하고 터졌다big bang'는 게 말이 되느냐고 비아냥거렸습니다.

하지만 아이러니하게도 그의 말을 들은 많은 사람들이 빅뱅이란 말로 우주 팽창을 더욱 쉽게 이해하게 됐습니다. 즉, 빅뱅 이론을 부정하려고 표현했던 말이 그 이론의 이름으로 자리 잡게 된 것이죠. 이처럼 과학에서는 A라는 이론을 부정하기 위해 B를 주장했다, B가 A이론의 핵심으로 자리 잡은 사례가 많습니다. 앞서 살펴본 슈뢰딩거의 방정식이 대표적이죠. 과학은 이와 같이 반증에 반증이 꼬리를 물며 새로운 이론을 만듭니다. 즉, 과학 이론은 어느 한 시대 우주의 한 부분을 설명할 수 있을 뿐, 그것이 만고불변의 진리일 순 없습니다.

스타트렉의
우주,

별의
탄생과
죽음

"To boldly go where no man has gone before." 꿈을 좇는 인류에게 이보다 가슴 떨리는 표현이 또 있을까요. 프로스트의 「가지 않은 길」[41]을 우주로 옮겨놓은 듯한 이 대사는 SF 드라마의 명작 「스타트렉」의 슬로건입니다. 1966년 미국 NBC 방송국에서 첫 방영 후 지금까지 내려오는 가장 오래된 SF 시리즈죠.

이 작품이 또 하나의 SF 고전인 스타워즈 시리즈와 다른 점은 화려한 볼거리와 액션보다는 우주의 여러 행성 간의 갈등에 초점을 맞추고 있다는 것입니다. 우주 패권을 노리는 외계 종족의 음모와 배신, 전쟁과 암투 등을 팽팽한 긴장감으로 그렸습니다. "스타트렉은 사실 과학에 관한 게 아니라 가치관과 관계에 관한 것이다, SF를 통해 인간의 도덕과 윤리에 대해 말하고 있다"는 버락 오바마의 말이 괜히 나온 게 아닙니다.

## 스페이스 오페라의 원조

작품의 주인공은 행성 연방United Federation of the planets의 우주선 엔터프라이즈의 선원들입니다. 우주의 이 끝에서 저 끝까지 항행하는 스토리답게 엔터프라이즈호는 광속을 뛰어넘는 '워프 드라이브'를 선보입니다. '반물질'을 에너지원으로 사용한 '워프 엔

---

[41] 소박한 자연을 주로 노래한 미국의 시인 로버트 프로스트의 대표작 「가지 않은 길The Road not Taken」은 숲속에서 만난 두 갈래의 길을 인생의 행로로 대비시켜 노래한 작품이다.

진'을 써서 빛보다 빠르게 날아갈 수 있다는 설정입니다.

워프 드라이브가 없다면 작품 속 세계관 자체가 성립되지 않습니다. 수십~수백 광년 떨어진 곳으로 '성간 여행interstellar travel'을 해야 하므로, 보통의 우주선으로는 택도 없기 때문입니다. 1광년은 빛이 1년 동안 가는 거리로 약 9조km입니다. 우주의 넓이는 인간의 인식 능력으론 상상할 수 없을 만큼 크기 때문에 보통 '파섹'과 '광년'이란 단위로 거리를 표현합니다. '연주 시차'를 이용해 별의 거리를 따지는 1파섹은 3.26광년을 뜻합니다.

우주는 우리가 상상할 수 없을 만큼 넓습니다. 빅뱅 이후 138억 년 동안 한 번도 쉬지 않고 팽창해온 우주는 앞으로 더욱 커질 예정입니다. 이 광활한 우주에서 태양계와 지구는 매우 작은 하나의 점에 지나지 않습니다. 어쩌면 먼 우주에는 인간보다 뛰어난 지능을 가진 지적 생명체가 있을지도 모르고요. 이런 상상이 SF 소설과 영화로 만들어지고, 나중에는 과학의 발전까지 이끌었죠.

우주는 인류의 시작과 끝 그 이상입니다.

## 별의 거리는 어떻게 잴까

연주 시차는 지구의 공전에 따라 별의 위치가 달라지는 각
도를 뜻합니다. 예를 들어 오늘 S라는 별을 관측하고 6개월 후 같
은 별을 본다고 가정했을 때 두 별의 위치는 다르게 나타납니다.
이때 별의 상대적 위치를 각도로 표현한 것이 시차이고, 시차의
1/2을 '연주 시차'라고 부릅니다. 다만 300광년이 넘는 거리의 별
은 각도가 너무 작아 연주 시차를 알기 어렵습니다. 즉, 100파섹
정도까지의 별만 연주 시차를 이용해 거리를 알 수 있죠.

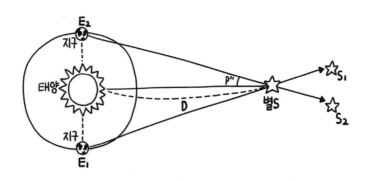

그렇다면 지구에서 가장 가까운 별은 무엇일까요. 바로 '센
타우리'라는 항성입니다. 지구에서 봄과 여름 사이에 관측되는 별

로, 남쪽 하늘 지평선 근처에서 가장 밝게 빛납니다. 센타우리 프록시마(4.22광년)와 센타우리 알파(4.37광년)가 있는데, 이렇게 말해도 감이 잘 안 잡힐 겁니다.

예를 한 번 들어보죠. 인간이 만든 가장 빠른 물체는 미국 록히드사가 개발한 정찰기 SR-71(블랙버드)입니다. 마하 3.32의 속도를 자랑하는 세계에서 가장 빠른 비행기죠. 마하는 음파의 전달 속도를 뜻하는데 시속으로 치면 1224km/h입니다. 즉, 블랙버드는 1시간에 4063km를 날아간다는 이야기입니다. 이는 서울에서 런던까지 2시간에 닿을 수 있는 빠르기입니다. 그러나 제아무리 빠른 블랙버드라고 해도 센타우리까지 가는 데는 100만 년이 넘게 걸립니다.

## 우주의 크기는 얼마나 될까

과학자들이 예측하는 우주의 크기는 450억 광년입니다. 그러나 인간이 관측 가능한 우주는 138억 광년까지입니다. 왜냐하면 우주의 역사가 138억 년 전 빅뱅으로부터 시작했고, 현재로선 우주 먼 곳에 있는 별과 은하를 측정할 수 있는 방법은 빛뿐이기 때문입니다. 즉 빛이 138억 년 동안 지나온 거리, 138억 광년만큼만 인간이 알 수 있는 것이죠.

광대한 우주에서 우리는 어디쯤 있을까요? 사실 우주의 중심이 어딘지 따지는 것은 의미가 없습니다. 앞장에서 우주 팽창을 풍선 불기에 비유했는데, 처음에 풍선 가운데에 점을 찍어놨다고 해도 그 점이 계속 가운데에 있는 것은 아닙니다. 보는 위치에 따라 가운데일 수 있고, 끝부분일 수 있는 것이죠.

그러나 지구가 속한 태양계의 위치를 아예 정의할 수 없는 것은 아닙니다. 상대적 위치로 나타낼 수 있죠. 일단 태양계가 속한 우리은하는 막대와 나선을 결합한 모양입니다. 지름은 10만 광년 정도 되고요. 태양계는 은하의 중심에서 2만6500광년 떨어진 곳에 있습니다. 당연히 지구는 우리은하의 내부에 있기 때문에 전체 모습을 볼 수는 없습니다. 우리은하의 단면이 별빛이 흐르는 물길 같다는 뜻에서 은하수로도 불리죠.

우리은하에는 1000억 개의 별이 있는 것으로 추정됩니다. '시리우스'가 알파별[42]인 큰개자리와 '데네브'가 알파별인 백조자리 등이 태양계의 이웃사촌입니다. 우리은하 중심에는 초대형 블랙홀이 있을 것이라고 예측됩니다. 그 이유는 은하 중심에 있는 S2라는 별 때문입니다. S2는 매우 빠르게 움직이는데 공전 주기가 15년입니다. 그런데 S2가 움직이는 궤도의 중심에는 '궁수자리 A-스타'라는 천체가 있습니다. 이것의 질량은 무려 태양의 400만 배 이상입니다.

문제는 S2가 A-스타에 가장 가까워졌을 때의 거리가 17광시[43]인데, 이는 A-스타를 보통의 별이라고 가정했을 경우의 반지

---

[42] 한 별자리를 이루는 별들 중에서 가장 밝은 별을 지칭하는 말. 두 번째로 밝은 별을 베타별, 세 번째로 밝은 별을 감마별이라고 한다.
[43] 빛이 1년 동안 가는 거리를 1광년이라고 부르듯, 하루 동안 가는 거리는 1광일, 한 시간 동안 가는 거리는 1광시로 부른다.

름보다 짧다는 것입니다. 즉, A-스타의 반지름이 17광시보다 짧아야 두 별이 충돌하지 않습니다. 그런데 반지름이 17광시보다 작으면서 태양보다 400만 배 이상 질량이 큰 것은 블랙홀밖에 없습니다. 우리은하뿐 아니라 다른 은하의 대부분도 중심에는 블랙홀이 있을 것으로 예측됩니다.

그러면 이제 우리은하 밖으로 나가볼까요? 우리은하를 감싸고 있는 것은 '국부 은하군'입니다. 국부 은하군에서 제일 밝고 질량이 무거운 것은 안드로메다은하입니다. 지름은 우리은하의 2배가 조금 넘는 22만 광년 정도입니다. 우리은하로부터 250만 광년 떨어져 있죠. 이는 은하의 입장에서 보면 매우 가까운 거리입니다. 자기 크기의 25배 되는 곳에 또 다른 은하가 있는 셈이니까요. 즉, 내가 서있는 곳[44]으로부터 25m 떨어진 곳에 친구가 있는 것과 같습니다.

더욱 놀라운 것은 안드로메다은하가 '청색 편이' 현상을 보인다는 점입니다. 앞서 설명한 도플러 효과에 따라 우리에게 점점 다가오고 있다는 이야기죠. 이동 속도는 무려 시속 40만km입니다. 그 때문에 언젠가는 안드로메다와 우리은하가 하나로 합쳐질 것입니다. 이는 물론 수십 억 년의 시간이 지난 후의 일이겠지만 말이죠.

안드로메다은하는 그리스 로마 신화에서 카시오페이아 여왕의 딸인 안드로메다 공주의 이름에서 따온 것입니다. 어머니의 오만 때문에 바다 괴물의 제물로 희생될 뻔하지만 용감한 페르세우스에 의해 구출돼 부부가 됩니다. 실제로 안드로메다 별자리는 마치 사람이 양팔을 벌리고 오른쪽 무릎을 구부린 모습입니다. 제단에 희생양으로 묶여있는 모습을 떠오르게 합니다.

국부 은하군에는 이외에도 삼각형자리 은하, 대마젤란 성운, 궁수자리 은하 등이 있습니다. 가장 작은 왜소 은하에는 약 1000만 개의 별이 있는 것으로 추정됩니다. 국부 은하군의 크기는 지름이 대략 300만 광년 정도로 알려져 있습니다. 은하군이 모여 은하단이 되고, 은하단이 모여 초은하단이 됩니다. 우리를 감싸고 있는 초은하단의 지름은 7500만 광년 정도입니다.

---

[44]  서있는 자신을 지름 1m의 원으로 가정했을 경우.

　　빅뱅 이후 처음 만들어진 원소는 수소와 헬륨입니다. 이들
이 중력으로 뭉치면서 중심의 온도가 1000만도에 이르면 수소가
헬륨으로 융합되는 핵융합 반응이 일어납니다. 이때 질량의 일부
가 에너지로 바뀌는데 이를 '수소 연소'라고 부릅니다. 열과 에너
지는 밖으로 나가려 하고 반대로 중력은 안으로 끌어당기니, 이런
두 힘이 균형을 이루는 범위 안에서 별의 크기가 결정되죠. 이렇
게 태어난 젊은 별을 '주계열성'이라고 부릅니다.

　　주계열성은 핵융합 반응을 반복하면서 크기가 커집니다.
즉, 중심부에서부터 수소가 고갈되고 중력이 약해지면 별이 팽창

합니다. 이때 수소 연소는 중심을 벗어난 바깥 부분에서 이뤄지는데, 별이 커지면서 표면 온도는 떨어져 적색 거성으로 변합니다. 현재 태양은 수명의 절반가량을 이미 살았습니다. 언젠가는 적색거성이 될 것이고요. 마지막에 헬륨까지 모두 타버리면 다시 작아지면서 백색 왜성이 됩니다. 그러면서 천천히 사라지는 것이죠.

그럼 태양보다 질량이 큰 별은 어떻게 될까요. '적색 초거성'이라고 불리는 이들은 초신성이 돼 큰 폭발을 일으킵니다. 별의 바깥층은 폭발로 모두 날아가고 다시 수축을 시작합니다. 여기서 태양보다 질량이 3배 이상이면 블랙홀이 되고, 그 이하이면 지름이 10~20km에 불과한 중성자별이 됩니다.

이처럼 별이 태어나고 죽는 과정에서 만물이 생깁니다. 무슨 뜻이냐고요? 제일 먼저 빅뱅 당시 수소와 헬륨, 그리고 극소량의 리튬이 만들어졌습니다. 그리고 별이 핵융합 반응을 일으킬 때 수소는 헬륨으로, 헬륨은 탄소로 변합니다. 이후 적색 거성에서 철 등 20여개 원소가, 초신성에서 우라늄 등 60여개 원소가 생성됩니다. 우주의 구성 원소를 봤을 때, 수소(74%)와 헬륨(24%)이 압도적인 이유도 이들이 빅뱅 당시 만들어진 원초적 원소이기 때문입니다. 이렇게 태어난 원소가 행성의 재료가 되고, 지구의 물과 대기, 암석 등을 만들었죠.

우리가 아는 별 중에서 가장 유명한 것은 뭐니 뭐니 해도 태양이죠. 태양은 고대 문명에서 신으로 많이 등장합니다. 그리스 로마 신화에서는 태양신 헬리오스가 있었고 힌두교에서는 수리야라는 태양신이 있었죠. 아즈텍에서는 주기적으로 태양신 도나티우에게 인간을 제물로 바쳤습니다. 고대 이집트에선 태양신 라를 숭배했는데 종종 바람의 신인 아문과 합쳐져 아문-라로 불렀습니다.

우리나라에도 단군 신화에 나오는 환웅의 아버지 환인이 천인으로 묘사되는데, 이는 태양을 숭배하던 부족의 문화를 차용한 것입니다. 민간 설화에 나오는 일월성신은 태양과 달을 합친 의미입니다. 이렇게 태양이 각 문화에서 주요 신으로 등장하는 이유는 어둠을 밝히고 만물을 자라게 하는 생명의 젖줄과 같은 존재이기 때문입니다. 실제로 태양이 없다면, 인간도 지구도 존재할 수 없죠.

태양은 기체도 액체도 고체도 아닌 플라스마로 이뤄져 있습니다. 질량은 지구의 33만 배이며 태양계의 99%를 차지할 만큼 큽니다. 태양의 표면은 5500도인데 중심핵은 1500만도에 이를 만큼 매우 뜨겁습니다. 이는 앞서 살펴본 핵융합 반응 때문이죠. 태양 주변에는 8개의 행성이 있고, 지구는 세 번째입니다.

지구의 거리는 생명체가 존재하기 딱 좋은 위치에 있습니다. 이를 '골디락스 영역'이라 부르죠. 만일 지구가 태양에 좀 더 가까웠다면 바다가 증발해 뜨거운 금성[45]처럼 됐을 것입니다. 반대로 조금만 멀었다면 태양빛이 충분하지 않아 얼음 행성이 됐을 것입니다.

이외에 목성은 태양계에서 가장 큰 행성이고, 아름다운 띠를 두른 것으로 유명한 토성은 기체 행성입니다. 특히 토성은 태

---

[45]  지구와 질량·크기가 비슷한 금성은 밤하늘에서 가장 밝게 빛나는 천체 중 하나다. 행성이기 때문에 스스로 빛을 내지 못하고 태양빛을 반사해 반짝거린다. 행성 초기 존재했던 바다는 모두 증발해 대기층을 이뤘고, 대기의 주성분인 이산화탄소(96.5%)가 온실 효과를 일으켜 평균 온도는 464도나 된다.

양계 8개 행성 중 유일하게 물보다 밀도가 낮습니다. 이 말은 토성을 물속에 집어넣으면 둥둥 떠다닌다는 이야기인데요. 지구보다 9배나 크기 때문에 그 정도 물을 구하기는 쉽지 않겠지만 말이죠.

태양계 행성은 10여 년 전까지만 해도 아홉 번째 막내가 있었습니다. 바로 명왕성입니다. 아마도 지금 30대 이상인 분들은 학교에서 명왕성을 행성이라고 배웠을 것입니다. 1930년 발견된 후 마지막 행성으로 여겨졌으나, 2006년 국제천문연맹IAU은 명왕성을 행성에서 제외시켰습니다. 태양계 끝자락에서 명왕성보다 큰 행성들이 여럿 발견됐기 때문입니다. 이후 과학자들은 명왕성과 같은 천체를 왜소 행성이라고 분류합니다.

## 인간과 지구의 구성 원소

우주와 비교해 인체의 구성비는 사뭇 다릅니다. 인간의 신체를 이루는 각 원소들의 질량비는 산소가 65%로 가장 많고, 탄소(18%), 수소(10%) 등 순입니다. 즉, 인간이 태어나기 위해선 산소가 제일 중요하다는 이야기죠. 그렇기 때문에 생명의 탄생 조건으로 물($H_2O$)이 필수입니다. 물의 분자는 수소 2개와 산소 1개가 합쳐 만들어지기 때문이죠.

지구 전체로는 철(32%)과 산소(30%)가 제일 많습니다. 규소(15%), 마그네슘(14%), 황(2.9%), 니켈(1.8%), 칼슘(1.5%), 알루미늄

(1.4%) 등의 순서입니다. 이를 합쳐 지구의 8대 구성 원소라고 부르죠. 이중 5종이 금속 원소입니다. 지구 자체가 하나의 큰 자석인 이유는 이처럼 자성을 띠는 원소들이 많기 때문입니다. 특히 지구의 핵은 주로 철과 니켈로 이뤄져 있습니다. 상대적으로 산소는 지각과 대기에 풍부하고요.

바다의 경우엔 당연히 산소(85.8%)와 수소(10.8%)가 절대적으로 많습니다. 염소(1.9%)와 나트륨(1.1%)이 그 다음입니다. 염소와 나트륨이 1개씩 합쳐진 것이 염화나트륨NaCl, 즉 소금이죠. 결국 바닷물 전체로 보면 염소와 나트륨을 합한 만큼의 염화나트륨이 있다는 이야기인데, 이는 바다가 3%의 소금물이란 뜻입니다.

예전에 '산소 같은 여자'라는 광고 CF가 인기였던 것처럼 인간에게 산소는 매우 중요한 원소입니다. 특히 지구에서 볼 수 있는 가장 유의미한 현상 중 하나가 '산화'입니다. 이는 다른 원소가

산소와 결합하는 것을 말합니다. 예를 들어 수소가 산소와 결합해 물이 되는 것도 일종의 산화입니다. 보통 철이 녹슨다고 말하는 현상도 산화되는 과정이죠. 깎아놓은 사과가 노랗게 변하는 것도 산화입니다. 특히 물질이 빛과 열을 내며 빠르게 산소와 결합하는 것을 연소라고 합니다.

반대로 산소가 떨어져 나가는 것은 환원입니다. 이산화탄소에서 산소를 떼어내고, 물에서 수소를 분리해내는 것 등이죠. 그런데 산소와 환원은 단순히 산소가 결합하고 떨어진다는 의미뿐 아니라 좀 더 확장돼서 사용되기도 합니다. 즉, 원자나 이온이 전자를 잃고 +전하를 띠는 것을 산화라 부르고 그 반대를 환원이라고 합니다. 식물의 광합성, 동물의 호흡 등 자연계에 일어나는 많은 것들이 산화와 환원 반응의 일종입니다.

---

**읽을거리 ◆ 사랑이 어떻게 변하니, '북극성'**

"나는 북극성처럼 변함없을 거야." 조니 미첼의 「A case of you」라는 노래의 가사입니다. 북극성, 다른 말로 하면 폴라리스는 변하지 않는 사람과 신념으로 많이 표현되죠. 그 이유는 위치가 늘 변하는 별들과 달리 그 위치가 항상 고정돼있기 때문입니다. 옛 선조들은 바다에서 항해할 때 북극성을 중심으로 방향을 파악했습니다.

그렇다면 태양을 비롯한 모든 별은 동에서 뜨고 서로 지는데, 왜 북극성만 늘 같은 자리에 있을까요. 그 이유는 지구의 자전축과 관련이 있습니다. 별이 뜨고 지는 것을 천체의 일주 운동이라고 합니다. 사실 별이 움직이는 것이 아니라 지구가 스스로 자전하기 때문에 별이 움직이는 것처럼 보이죠. 자전 방향은 서에서 동입니다. 그래서 별은 반대로 동에서 뜨고 서로 지는 것처럼 보입니다. 여기서 지구의 자전축은 공전 면에서 23.5도 기울어져 있습니다. 우리나라에 봄·여름·가을·겨울의 사계절이 있고, 극지방에서 해가 지지 않는 백야 현상이 벌어지는 것도 자전축이 삐뚤기 때문입니다. 이처럼 자전축이 기운 상태에서 지구가 돌기 때문에 별의 위치에 따라 그 움직임이 다르게 나타납니다.

그렇다면 북극성은 왜 움직이지 않느냐고요? 바로 자전축의 정북 방향에 있기 때문입니다. 밤하늘 별의 움직임을 모두 카메라에 담으면 북극성을 중심으로 별들이 원을 그리는 모습을 볼 수 있습니다. 이는 자전축의 북쪽 끝부분에서 가장 밝게 빛나는 별이기 때문에 그렇습니다. 만일 더 밝은 별이 있다면 북극성의 자리를 내줬겠지요. 북극성은 작은곰자리의 알파별입니다. 정확한 위치는 자전축의 북쪽을 연장한 천구의 북극점에서 0.7도 떨어져 있습니다. 각도가 너무 작다 보니 하늘에서 거의 움직이지 않는 것처럼 보입니다.

그러나 북극성 역할을 하는 별은 늘 변합니다. 약 1만2000년 후에는 직녀성의 별이 북극성이 될 예정입니다. 이는 지구의 자전축이 조금씩 틀어지기 때문인데요, 빙글빙글 도는 팽이의 축이 흔들리는 것과 같은 이치입니다. 지구의 자전축은 2만~2만5000년 주기로 변합니다. 작은곰자리의 북극성 임기가 절반가량 지난 셈이죠.

그렇다면 남극성은 없을까요? 지구의 자전축을 남쪽 끝까지 연장하면 그에 해당하는 별이 있지 않을까요. 물론 있습니다. 천구 남극점에서 1도 가량 떨어진 곳에 시그마란 별이 있습니다. 하지만 밝기가 북극성(2.5등급)보다 낮은 5.45등급이어서 눈에 잘 띄지 않습니다. 그 탓에 북극성만큼 잘 알려지진 않았습니다.

판
구조론,

한반도는
서로
다른
땅덩어리
?

영화『퍼시픽림』은 63빌딩보다 큰 괴물과 이에 맞서는 거대 로봇 '예거'의 이야기입니다. 조종사가 로봇에 신경계를 연결해 조정하기 때문에, 로봇이 싸움에서 죽거나 다치면 조종사도 치명상을 입습니다. 영화에서 가장 흥미로운 부분은 거대한 로봇들이 괴수들과 격투기 하듯 육탄전을 벌이는 장면인데요, 액션 영화를 좋아하는 분이라면 심심할 때 즐기기에 제격입니다.

작품의 기본 전제는 거대 괴수 '카이주'의 출현입니다. 카이주는 여러 마리인데, 이렇게 큰 괴수들이 도대체 어디서 왔을지 의문이 생깁니다. 비슷한 성격의 영화인『고질라』에서는 고대의 동물이 잠들어 있었다고 하기도 하고, 도마뱀이 방사능에 노출돼 기형적으로 커졌다고 하기도 합니다.『쥬라기 월드』나『램페이지』

등에선 유전자 복제로 괴물이 태어나는 모습을 묘사했죠. 반면 다른 작품과 비교할 때 『퍼시픽림』은 좀 더 창의적입니다. 영화 속에서 카이주는 태평양판과 유라시아판이 만나는 틈을 통해 지구로 오게 됩니다. 그렇다고 카이주가 해저 깊은 곳, 지각 아래 살고 있었다는 뜻은 아닙니다. 판이 서로 부딪히는 틈이 일종의 '포털' 역할을 한다는 것이죠.

## 거대 로봇과 괴수들의 '맞장'

그럼 '포털'이란 무엇일까요. 쉽게 말해 이 세상과 또 다른 세상이 연결되는 통로입니다. 영화 『스타게이트』에서 인간과 우주인이 만나는 게이트나 『워크래프트: 전쟁의 서막』에서 인간 세상과 오크의 세상이 연결되는 관문이 대표적이죠. 게임 '스타크래프트'로 치면, 저그가 땅굴(커널)을 파서 순간 이동하거나 프로토스가 아비터를 통해 군대를 소환하는 것과 비슷합니다.

『퍼시픽림』에서는 태평양판과 유라시아판이 만나는 곳에 알 수 없는 이유로 포털이 생기고, 이를 통해 외계 생명체인 카이주가 지구로 오게 됩니다. 물론 두 판 사이에 실제로 포털이 있을 리 만무합니다. 실제로는 그 틈을 계속 파봐야 '맨틀' 밖에 나올 것이 없습니다. 맨틀은 지각과 외핵 사이에 있는 물질을 말하는데, 지구 전체 부피의 82%를 차지합니다. 깊이로 치면 대략 30km에서 2890km까지의 구간이죠. 지구의 반지름이 6370km이니 절반에

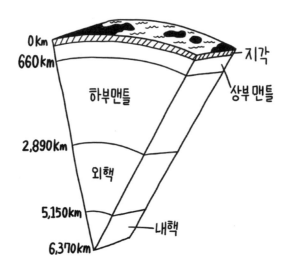

조금 못 미칩니다. 사과로 치면 맛있는 부분까지라고 할 수 있죠.

그런데 맨틀은 매우 고온의 상태로, 윗부분은 약 1000도, 아래는 약 5000도에 이를 것으로 추정됩니다. 맨틀의 주성분은 철과 마그네슘, 규소 등인데 이 온도에서 이들은 고체 상태로 존재할 수 없습니다. 즉, 대부분의 암석은 녹아있는 상태로 존재하는데, 그렇다고 물처럼 액체는 아닙니다. 그래서 이를 '유동성 고체'라고 부릅니다. 대강 치약과 비슷하다고 보면 됩니다.

맨틀은 고체가 아니기 때문에 액체나 기체처럼 대류 현상이 일어납니다. 그 때문에 맨틀 위에 있는 지각이 움직이게 되는 것이죠. 이를 '판 구조론'이라고 합니다. 지각은 10여 개의 판으로 구성돼있는데, 이 판들이 맨틀 위를 떠다닌다는 것입니다. 그중 가장 큰 판이 태평양판과 유라시아판이고요.

특히 태평양판과 만나는 각 판의 경계를 선으로 연결하면 '불

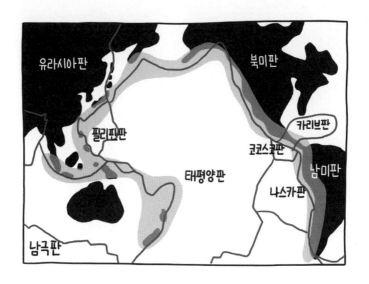

의 고리Ring of Fire'가 형성됩니다. 이는 환태평양 조산대를 뜻하는 말로, 이 고리를 중심으로 전 세계 지진의 80% 이상이 발생합니다. 화산의 약 60%가 여기에 위치해 있죠. 그리고 영화 『퍼시픽림』에서는 이 고리 중 한 곳에 괴수의 포털이 있다고 가정한 것입니다.

## 베게너의 대륙 이동설

사실 '판 구조론'이 과학에서 인정받기 시작한 것은 불과 수십 년 전의 일입니다. 독일의 기상학자 알프레드 베게너[46]가 주

---

[46]  모든 대륙이 하나로 연결되어 있었다는 생각은 17세기 철학자 베이컨을 비롯한 많은 사람들의 의해 제기된 바 있다. 그러나 베게너는 지질학적 증거를 수집해 대륙 이동설을 과학적으로 설명하고자 한 최초의 과학자이다.

장한 '대륙 이동설'이 모태가 됐죠. 베게너의 생각은 이랬습니다. 세계 지도를 펼쳐놓고 보니 남아메리카의 동쪽 해안과 아프리카의 서쪽 해안이 조각처럼 딱 맞아떨어지는 것을 발견했습니다. 베게너는 두 대륙의 해안선이 일치한다는 사실에 주목해 접점 지역의 지층과 화석 등을 분석했죠. 그러면서 전 세계의 모든 대륙이 옛날엔 '판게아Pangaea'라는 하나의 대륙이었다는 주장을 펼쳤습니다(『대륙과 해양의 기원』).

그러나 당시 과학자들은 그의 주장을 믿지 않았습니다. 아니 믿을 수가 없었습니다. 앞서 과학은 사실로써 논증돼야 한다는 이야기를 했는데요, 베게너의 대륙 이동설은 그럴듯한 추론만 있을 뿐 이를 입증할 만한 객관적 자료가 부족했기 때문입니다. 그렇다고 아인슈타인의 상대성 이론처럼 수학적으로 설명되지도 않았고요. 결국 베게너는 당시 과학자들로부터 비웃음을 샀고, 1930년 그린란드를 탐험하다 실종되고 말았습니다.

그러나 베게너가 실종된 이후에 대륙 이동설을 입증하는 사실들이 발견되기 시작했습니다. 당시 유럽과 미국에선 2차 세계 대전을 치르며 잠수함 건조와 해저를 탐사하는 기술이 비약적으로 발전했습니다. 전쟁이 끝나고 미국은 대서양 해저를 조사하면서 중심을 관통하는 해저 산맥(중앙 해령)을 발견했죠. 이후 지구의 모든 바다를 탐사하면서 태평양과 인도양 등이 해령으로 연결돼있다는 것을 알게 됩니다.

그중에서도 가장 설득력 있는 근거는 지진파의 탐지를 통해서였습니다. 당시 냉전을 벌이던 미국과 소련은 군비 경쟁을 통

해 핵 실험을 알아차릴 수 있는 지진계를 세계 곳곳에 설치합니다. 그런데 지진계에 기록된 데이터를 분석해보니 지진이 발생한 장소와 해령이 거의 일치했습니다. 앞서 설명한 '불의 고리'가 중심이었던 것이죠.

베게너가 실종된 지 30년이 지난 후 과학자들은 그의 '대류 이동설'을 정식 과학 이론으로 채택했습니다. 즉 10여 개의 판이 있고, 각 판들이 맨틀의 대류에 따라 이동하면서 서로 부딪힌다는 것입니다. 이때 A라는 판이 B라는 판 밑으로 밀고 들어가면서 지진이 일어나고, 이런 지각의 충돌 과정에서 지표 아래 있던 액체 상태의 마그마가 밖으로 표출되는 것이 화산 활동입니다.

마그마가 용암 형태로 흘러 나와 빠르게 굳으면 현무암이 되고, 미처 표출되지 못한 마그마가 땅 속에서 천천히 굳으면 화강암이 됩니다. 현무암은 급히 식었기 때문에 결정이 응집될 시간이 부족해 알갱이가 작고, 마그마에 있던 가스 성분이 빠져나가 크고 작은 구멍이 뚫려 있습니다. 국내에서는 제주도나 울릉도 등에서 볼 수 있죠. 화강암은 느리게 식었기 때문에 결정이 충분히 응집되어 알갱이가 큽니다. 설악산, 북한산, 금강산 등지에서 주로 발견되죠.

## 판 구조론과 미래의 초대륙

판 구조론에 따르면 약 2억 년 전까지 지구에는 대륙이 하나였습니다. 그리스어로 'Pan(모든) + Gaea(땅)'라는 뜻이죠. 여기

서 'Gaea'는 '가이아', 즉 대지의 여신을 의미합니다. 판게아는 2억 년 전부터 2개의 대륙, 즉 북반구는 로라시아, 남반구는 곤드와나로 나뉘기 시작합니다. 원래 곤드와나에는 지금의 아프리카, 남미, 남극, 호주, 인도가 붙어있었습니다. 그러다가 약 8000만 년 전, 인도가 곤드와나에서 떨어져 나와 북상했습니다.

다시 5000만 년 전, 아시아판과 충돌해 하나의 대륙이 됐죠. 이때 두 판의 충돌로 지층이 휘어지고 일부는 솟아오르면서 지금의 히말라야산맥과 티베트고원을 만들었습니다. 인도판은 지금도 계속 북상중이어서 히말라야 일대의 지각을 계속 변화시키고 있습니다. 오늘날 판 구조론을 증명하는 가장 결정적인 증거이죠. 2008년 쓰촨 대지진(규모 7.9)도 인도판과 아시아판이 충돌한 영향입니다. 이와 유사하게, 북미판과 유럽판이 충돌해 만들어진 것이 애팔래치아산맥이고, 아프리카판과 유럽판이 충돌해 생겨난 것이 알프스산맥입니다.

일각에서는 2~3억 년 후에는 서로 흩어져 있는 대륙이 다시 하나로 합쳐질 수 있다는 주장도 나옵니다. 먼저 아프리카와 유라시아가 더욱 밀집해진 후에 아메리카가 충돌하며 '판게아 울티마'[47]라는 초대륙이 된다는 가설입니다. 이는 어디까지나 가설일 뿐이고, 실제 지구의 미래는 아무도 알 수 없죠. 하지만 지금까지 대륙이 이동해왔듯, 언젠가 다시 하나로 합쳐질 가능성은 충분합

---

[47] 판게아 울티마(Pangaea Ultima)는 마지막 대륙이라는 뜻이다. 물론 그 이후에도 판의 이동으로 대륙의 모양이 달라질 수는 있다. 다만 과거의 판게아처럼, 흩어졌던 대륙이 다시 하나로 합쳐지는 과정에 있다는 것은 매우 설득력 높은 가설로 인정받는다.

니다. 그러나 그때까지 인류가 살아있을지는 모르겠군요.

## 한반도는 원래 3개의 땅덩어리?

외국인들이 서울을 방문해 놀라는 것 중 하나가 도심 곳곳
에 있는 암산(바위로 이뤄진 산)입니다. 북한산이 대표적이죠. 북한산
은 철마다 옷을 갈아입으며 기암괴석이 병풍처럼 도시를 감싸는
서울의 진산입니다. 웅장한 암벽과 봉우리가 곳곳에 펼쳐져 있는
하나의 거대한 바위 덩어리라고 할 수 있습니다. 이런 북한산은 대
체 어떻게 생겨났을까요. 그 많은 바위는 어디서 왔을까요.

북한산을 이루는 주요 암석은 화강암입니다. 화강암은 땅
속에서 마그마가 천천히 굳어져 생성됩니다. 북한산의 화강암은
1억7000만 년 전 중생대 쥐라기 때 지하 1만m 부근의 마그마가
느리게 식으면서 만들어졌습니다. 그 때문에 북한산의 암석은 입
자가 크고 고르게 분포해 있습니다. 오랜 시간 화강암을 덮고 있던
암석들이 침식 작용을 거치며 깎여 나가고, 땅속에 있던 화강암이
솟아오르면서 지금의 북한산이 됐습니다.

이때 지표면에 노출된 화강암은 생성 당시보다 적은 압력
과 낮은 온도, 공기 및 생물과의 접촉으로 빠른 풍화·침식 작용
을 거칩니다. 그 정도에 따라 빠르게 깎여 나간 곳은 골짜기가 생
기고, 적게 깎인 곳은 봉우리가 됐습니다. 백운대, 인수봉, 만경대,
노적봉 등이 모두 이렇게 생겨났죠. 또 결빙과 해빙이 반복되면서

암석에 틈이 생기고, 지층이 어긋난 단층을 따라 물길이 형성돼 청계천과 중랑천을 만들었습니다.

사실 서울은 같은 암반 위의 도시가 아닙니다. 도봉산, 수락산 등도 북한산과 비슷한 시기에 형성됐는데, 이처럼 산으로 둘러싸인 서울의 사대문 안과 노원·도봉·성북구는 모두 화강암 암반 위에 놓여있습니다. 반면 강남·마포구 등은 12~13억 년 전에 형성된 변성암인 편마암 지반 위에 만들어졌습니다. 한강 북쪽에 화강암 암반인 산이 많고, 강남 일대에 평지가 많은 것은 이 때문입니다.

이를 한반도 전체로 넓혀 보면 어떨까요. 한반도는 지반만 다른 게 아니라 3개의 대륙이 합쳐져 지금의 땅을 만들었습니다.

북쪽 지방은 평북육괴, 수도권은 경기육괴, 남쪽 지방은 영남육괴 등 3개의 각기 다른 대륙에서 떨어져 나온 땅이 오랜 시간 지질 작용을 통해 하나가 된 것이죠. 이 3개의 육괴는 모두 선캄브리아(5억4천만 년 이전) 시기의 땅덩어리입니다. 그 사이에 2개의 습곡대(임진강대 · 옥천대)가 끼어있는데 이들은 2억 년 전인 중생대 초에 형성됐습니다.

앞서 대륙 이동설을 살펴봤는데요, 한반도는 원래 판게아에서 갈라진 남반구의 대륙 곤드와나에 속해 있었습니다. 곤드와나 북쪽의 땅덩어리 2개가 떨어져 나가 북쪽으로 이동했고, 1억8000만 년 전 하나의 땅덩어리인 중한지괴(한 · 중 · 일의 주요부를 구성하는 땅덩어리)를 이룹니다. 중한지괴는 1억2000만 년 전 남하하던 로라시아와 충돌하며 오늘날 유라시아 대륙이 됐습니다. 아열대 바다에 살던 삼엽충(고생대) 화석이 한반도에서도 발견됐는데, 호주의 것과 유사하다는 게 증거 중 하나죠.

## 기술의 발달이 부른 재앙

이처럼 지구는 살아있는 하나의 생명체와도 같습니다. 화산과 지진 등은 인간에게 큰 재난이지만, 지구의 본질적인 속성이기도 하죠. 다행히도 이와 같은 지각의 큰 변화는 매우 오랜 시간에 걸쳐 천천히 일어납니다. 그러나 인간의 문명이 발전하면서 천재지변도 더욱 잦아지고 있습니다. 즉, 기술의 발달이 재앙을 부르고 있는 것이죠.

영화 『샌 안드레아스』는 태평양판과 북미판이 연결되는 샌 안드레아스 단층이 소재입니다. 캘리포니아 일대를 관통하는 샌 안드레아스는 길이만 1200km가 넘습니다. 어떤 전문가들은 샌 안드레아스에서 향후 30년 안에 규모 9.0의 '빅 원Big One'이 일어날 것이라고 전망합니다. 이는 2011년 1만5000여 명의 사망자를 냈던 동일본 대지진과 같은 규모죠.

영화에선 후버 댐이 붕괴하는 장면으로 시작됩니다. 후버 댐은 저수 용량이 소양강 댐의 11배로 높이 221m, 두께가 201m에 이르는 거대한 댐입니다. 후버 댐 건설 당시 콘크리트 660만t이 사용됐다고 하는데, 이는 뉴욕에서 샌프란시스코까지 왕복 도로를 건설할 수 있는 어마어마한 양이라고 합니다.

실제로 샌 안드레아스 단층에선 주기적으로 지진이 일어났습니다. 1906년 규모 8.1의 샌프란시스코 지진이 대표적이죠. 만일 비슷한 규모의 지진이 재발한다면 그 피해는 매우 치명적일 것입니다. 미국 지질 연구소는 피해의 대부분이 캘리포니아 등 서부 해안에 집중될 것이라고 예측합니다.

그러나 최근 몇 년 전부터 특이 활동이 포착되기 시작했습니다. 샌 안드레아스에서 다소 떨어진 중부 내륙 지역에서 지진 활동이 늘고 있는 것이죠. 특히 오클라호마와 오하이오주에서 지진이 잇따르고 있습니다. 2014년 미국 코넬대 연구팀은 『사이언스』에서 셰일 가스 추출이 지진을 일으키는 원인 중 하나라고 밝혔습니다. 가스를 추출하기 위해선 땅속 깊이 시추공을 뚫고 그 안

으로 고압의 액체와 화학 물질을 주입하고, 여기서 나오는 폐수를
매립해야 합니다. 이렇게 인위적으로 지각을 변화시키면서 지진
이 활성화된다는 것이죠.

실제로 미국 에너지정보청EIA에 따르면 오클라호마 지역
의 지진은 2009년 이전엔 연간 1~2회에 불과했지만 셰일 가스
추출이 급증한 2014년 이후엔 하루에 한 번씩 지진이 감지된다
고 밝혔습니다. 지진이 연달아 발생해 셰일 가스 추출이 중단된
적도 있고요.

2006년 스위스 바젤의 지열 발전소가 문을 연 후 규모 3.4
의 지진이 발생했습니다. 원인 조사를 해보니 지열 발전소가 그
원인으로 밝혀졌습니다. 지열 발전은 200도에 가까운 지하 지점

까지 시추공을 뚫고, 그곳에서 나오는 뜨거운 증기로 터빈을 돌려 에너지를 얻습니다. 셰일 가스처럼 시추공을 뚫어 지반에 영향을 미친다는 점이 비슷하죠. 결국 바젤의 지열 발전소는 2009년 문을 닫았습니다. 2017년 발생한 포항 지진도 인근의 지열 발전소가 주원인으로 밝혀져 폐쇄됐죠.[48]

2008년 8만6000여 명의 목숨을 앗아간 중국 쓰촨 대지진도 인위적 지진 가능성이 있다고 얘기된 바 있습니다. 중국과 미국의 전문가들은 진앙지 원촨에서 5.5km 떨어진 156m 높이의 쯔핑푸 댐을 원인으로 꼽았습니다. 이 댐은 단층선에서 불과 550m 떨어진 곳에 건설됐는데, 최대 3억2000만의 물을 가두면서 영향을 미쳤던 것이죠.

실제로 세계 재해 통계에 따르면 1940년 20여 건에 불과했던 큰 자연재해가 2000년대 이후 400건대로 늘었습니다. 무분별한 삼림 개발로 홍수가 많아지고 멀쩡했던 땅도 사막으로 변하고 있습니다. 지진과 해일, 화산 등은 살아있는 지구가 벌이는 자연적인 활동의 일부입니다. 그러나 인간의 욕심에서 빚어진 무분별한 개발은 자연을 지나치게 변형하면서 인위적 재앙을 촉발하고 있습니다.

지구의 역사를 1년으로 환산하면 인간이 문명을 갖게 된 건 마지막 1분(농업 혁명 이후)에 지나지 않습니다. 그 짧은 시간에

---

[48] 지열 발전과 셰일 가스 추출은 지반을 깊이 뚫기 때문에 지각에 큰 변화를 초래한다. 베르나르 베르베르의 소설 『제3 인류』에선 인간이 가하는 인위적인 활동이 살아있는 지구에 상처를 내는 것과 같다고 묘사한다. 미물도 자신을 해하려는 상대에게 보호 반응을 보이듯, 지구의 자연 재해도 인간의 가학 행위에 대한 방어라는 설명이다.

인간은 지구를 무지막지하게 바꿔놨습니다. 영국 레스터대 연구에 따르면 도로와 건축물 등 인간이 건설한 인공물의 총량은 30조t에 달한다고 합니다. 1m²당 50kg씩 지구 표면 전부를 뒤덮을 수 있는 엄청난 양이죠.

세계 전역을 신경망처럼 연결하는 도로는 인간에겐 편리한 문명이지만, 지구 입장에선 찢어진 상처입니다. 도로는 생태계를 인위적으로 나눠놓고, 분절된 땅들은 고립된 섬처럼 쪼개지죠. 『사이언스』에 따르면 지구상에 존재하는 3600만km의 도로는 생태계를 60만 개의 조각으로 찢어놨다고 합니다.

모든 생물은 지구의 변화에 적응하고 살았지만 인간만은 자기 마음대로 변형하며 바꾸고 있습니다. 미래에는 더 많은 지구 변형이 일어날 것이고, 또 그로 인한 반작용(지진과 해일, 기후 변화)도 일어나겠죠. 그런 의미에서 21세기 들어 급격히 늘어난 세계적 자연재해는 어쩌면 지구가 인간에게 보내는 마지막 경고일지 모릅니다.

### 읽을거리 ♦ 바벨탑과 공중 정원

고대의 이야기 속에는 인간의 지나친 욕심이 문명을 멸망시킨 사례가 많습니다. 고대의 '7대 불가사의'[49] 중 알렉산드리아의 파로스 등대, 할리카르나소스의 마우솔로스 능묘, 바빌론의 공중 정원, 로도스 섬의 헬리오스상 등이 지진으로 파괴됐다고 하죠. 올림피아의 제우스상은 화재로, 에페소스의 아르테미스 신전은 전쟁을 통해 사라졌으니, 7개 중 현존하는 것은 이집트의 피라미드가 유일합니다.

그중에서도 공중 정원은 바벨탑과 함께 바빌로니아인들이 만든 기술 문명의 '끝판왕'입니다. 기원전 5~6세기경 벽돌로 높은 벽을 쌓고 그 안을 흙으로 메워서 만든 공중 정원은 세계 곳곳에 존재하는 꽃과 나무를 심었습니다. 정원에 필요한 물은 노예들의 노동력을 통해 유프라테스강에서 끌어왔죠. 공중 정원은 왕이었던 네부카드네자르 2세가 고향인 페르시아를 그리워하는 아내를 달래주기 위해 만든 것이었습니다.

바벨탑도 같은 왕의 명령으로 만들어졌습니다. 높

---

[49] 기원전 4세기 알렉산더 대왕의 오리엔트(동방) 원정 이후 그리스인들은 헬레니즘 문화를 꽃피운다. 이때 그리스인들이 정한 세계의 유명한 건축물이 바로 고대의 '7대 불가사의'다.

이가 무려 90m를 넘는, 당시로선 상상조차 하기 힘든 건축물이었죠. 이렇게 높은 바벨탑을 세운 이유는 무엇일까요. 그것은 지상을 다스리는 왕이 하늘에 있는 신에게 더욱 가까이 가기 위해서였다고 합니다. 구약 성경에선 바벨탑을 이렇게 묘사하고 있죠.

"세상엔 원래 언어가 하나뿐이어서 모두가 같은 말을 했다. 동쪽에서 온 사람들이 들판에 자리 잡고 벽돌을 빚었다. 사람들이 말했다. '도시를 세우고 탑을 쌓고서 그 꼭대기가 하늘에 닿게 하여 우리의 이름을 날리고 온 땅 위에 흩어지게 하자.' 그러자 주님께서 사람들이 짓고 있는 도시와 탑을 보려고 내려오셨다."

이때 인간의 오만한 행동을 보고 분노한 하나님이 원래 하나였던 언어를 여러 개로 나누고 서로 흩어져 살게 했다고 합니다. 사람들은 혼란 속에 뿔뿔이 흩어졌고 훗날 오해와 불신 속에 서로 다른 말을 쓰며 살게 됐다는 것이죠. 구약 속에 짧게 언급된 바벨탑 이야기는 조세푸스 플라비우스Josephus Flavius, 37~100가 쓴 『유대인 고대사』를 통해 널리 알려졌습니다.

물론 바벨탑 이야기는 성서와 구전을 통해 전해오던 것을 정리한 이야기이기 때문에, 어디까지가 역사적 사실인지는 알 수 없습니다. 다만 지나친 문명의 발전과 그로 인한 인간의 자만을 경계하려던 선조들의 지혜만큼은 우리가 깊이 새겨야 하겠죠.

/

털
없는
원숭이는

/

어디에서
왔을까

/

『총.균.쇠』로 유명한 제러드 다이아몬드는 인간을 '제3의 침팬지'라고 부릅니다. 인간과 침팬지의 유전적 차이가 고작 1.6%에 불과하기 때문이죠. 반면 우리 눈에 같은 유인원으로 보이는 침팬지와 고릴라의 유전적 차이는 2.3%입니다. 다른 원숭이 종으로 확대하면 그 차이는 훨씬 커집니다. 그만큼 침팬지와 인간의 관계는 매우 밀접하다는 이야기입니다.

### 제3의 침팬지

인간과 침팬지, 고릴라는 한 조상에서 갈라져 나왔고 그 뿌리는 원숭이입니다. 그렇다면 최초의 인간은 어디에서 태어났을

까요. 생물학자들은 아프리카를 인류의 고향이라고 믿고 있습니다. 일단 앞서 언급한 침팬지와 고릴라 등 대형 유인원의 분포가 아프리카에 집중돼있고, 오래된 인류의 화석이 다른 곳에서는 발견되지 않기 때문입니다.

다른 동물과 구별되는 최초 인류의 뿌리, 즉 고릴리와 침팬지, 인간의 공통 조상이 살던 시기는 대략 700만 년 전으로 추정됩니다. 이때 세 종이 조금씩 다른 시차를 두고 갈라져 나왔고 인간에 해당하는 종은 약 400만 년 전 직립 보행의 여건을 갖춘 것으로 여겨집니다. 약 300만 년 전에 우리가 알고 있는 최초의 인류 '오스트랄로피테쿠스(남방 원숭이)'가 나오게 됐죠. 이후 '호모 에렉투스(직립 보행 인간)'로 진화합니다.

이처럼 초기 인류는 주로 아프리카에 살았습니다. 아프리카가 아닌 지역의 가장 오래된 화석은 약 100만 년 전의 '자바 원인'입니다. 동남아시아의 자바섬에서 발견돼 지명을 따 이름을 지었죠. 유럽에서 발견된 가장 오랜 화석은 약 50만 년 전의 것입니다. 하지만 아직 발견되지 않았을 뿐 유럽에서도 더 오랜 인류가 존재했을 것이라고 추정합니다. 아프리카에서 태어난 인류가 아시아까지 갔는데, 굳이 유럽에만 가지 않았을 이유가 없기 때문이죠.

우리의 직계 조상인 '호모 사피엔스' 역시 아프리카에서 처음 모습을 드러냅니다. 약 20~30만 년 전의 일입니다. 사피엔스는 다른 종들보다 뇌의 크기가 컸고, 신체도 현대인과 비슷했습니다.

아프리카와 유럽, 아시아의 다양한 인종이 하나의 사피엔스 종에서 분화된 것인지, 아니면 일찌감치 각 지역에 정착한 에렉투스에서 각자 진화한 것인지는 정확히 알 수 없습니다. 다만 사피엔스의 화석이 아프리카에 집중돼있고, 이들의 이주 경로와 시기 등을 볼 때 현재의 인종은 한 인류에서 나왔다고 보는 것이 좀 더 설득력이 있다고 추정할 뿐입니다.

## 사피엔스와 네안데르탈인의 전쟁

고대 인류의 역사상 가장 획기적인 사건은 3만5000년~4만 년 전에 있었던 사피엔스의 대이동입니다. 아프리카에 살던 사피엔스는 따듯한 기후에 적응해 검은 피부에 호리호리한 체형을 갖고 있었죠. 당시 유럽에 살던 네안데르탈인은 극지방에 가까워 피부가 덜 어둡고, 반복된 빙하기를 거치며 상체의 근육이 발달한 야무진 체형이었습니다. 두 종은 생김새부터 문화까지 모두 달랐죠. 간헐적으로 두 종간의 혼혈 사례가 보고되긴 하지만, 매우 드문 일이었습니다.

이질적인 종은 서로를 적대시하게 됩니다. 새로운 이주지를 찾아온 사피엔스와 그들을 침입자로 보는 네안데르탈인 사이에선 크고 작은 갈등이 생겼죠. 결국 두 종은 서로를 죽고 죽이는 운명의 소용돌이로 빠져듭니다. 약 3000년간의 전쟁 끝에 최종 승리를 거머쥔 것은 사피엔스였습니다. 굴러온 돌이 박힌 돌을 빼

낸 것이죠.

그런데 한 가지 흥미로운 사실은 네안데르탈인의 두개골이 사피엔스보다 컸다는 사실입니다. 즉, 뇌의 용적량이 사피엔스보다 많았다는 이야기죠. 일반적으로 종의 진화는 뇌가 커지는 방향으로 이뤄집니다. 오스트랄로피테쿠스의 뇌의 크기는 393cc인 반면 현대인의 경우는 1370cc로 3배가 넘습니다. 당시 네안데르탈인은 1400cc로 지금 인류보다 더 컸죠.

뇌가 크다는 것은 그만큼 똑똑하다는 것을 의미합니다. 앞서 말한 것처럼, 네안데르탈인은 북쪽의 추운 기후에 적응해 상체 근육이 발달해 있었고 열 손실을 최소화하기 위해 다부진 체격을 가졌습니다. 반면 따뜻한 남쪽에서 올라온 사피엔스는 상대적으로 호리호리한 체형이었죠. 아마 두 종이 1대 1로 맞붙었다면 피지컬 면에서 뛰어난 네안데르탈인이 이겼을 겁니다. 지금까지는 사피엔스가 전쟁에서 이긴 이유가 가장 똑똑한 종(種)이기 때문이라고 생각했습니다. 'sápǐens(지혜롭고 영리한)'라는 라틴어 학명처럼 말이죠. 그런데 네안데르탈인의 뇌 용량이 더 컸다니, 어찌된 영문일까요.

이 모든 것은 사피엔스가 약 6~7만 년 전에 경험한 뇌의 변화 때문입니다. 제러드 다이아몬드는 이를 '대약진'이라고 부릅니다. 당시 사피엔스는, 무슨 이유에서인지 모르겠지만, 뇌의 전두엽이 크게 발달하면서 언어 능력과 사회성이 두드러지기 시작했죠.

BBC가 제작한 네안데르탈인 다큐멘터리를 보면 언어와 사회성은 사냥 방식에서도 큰 차이점을 드러냅니다. 네안데르탈인은 직접 들소를 쫓아가 창을 꽂아 사냥을 했습니다. 그러나 사피엔스는 언어를 통해 소통하고 협업을 했죠. 누군가는 들소를 몰고, 누군가는 미끼가 돼 유인하며, 또 누군가는 큰 바위나 나무 뒤

에 숨어있다 창을 던졌습니다. 사피엔스는 작살과 창, 활과 화살 등 다양한 무기를 만들어 원거리에서도 동물과 적을 죽일 수 있었습니다.

이처럼 사피엔스가 네안데르탈인을 이길 수 있었던 이유는 언어와 이를 통한 '협업' 때문입니다. '공동체'라는 경쟁력을 만들어낸 거죠. 집단에서 나오는 협동의 힘이 다른 종과의 싸움에서 우위를 가지게 했고 결국엔 지구의 주인 노릇까지 할 수 있던 겁니다. 자연에서 한 개체로서의 인간은 어린 맹수 한 마리도 상대하지 못할 만큼 약하지만, '공동체'란 경쟁력을 만들어내면서 지금은 지구 밖까지 우주선을 쏘아 올릴 수 있는 존재로 우뚝 섰습니다.

## 사피엔스의 인지 혁명

사피엔스가 네안데르탈인을 몰아내고 지구의 주인 노릇을 하기 시작한 이 시기에, 인간에겐 어떤 변화가 있었을까요. 유발 하라리는 이를 '인지 혁명'이라고 부릅니다. 그것은 상상력과 큰 연관이 있죠. 하라리는 "실재하지 않는 상상의 존재를 만들면서 인류의 비약적 발전이 시작됐다, 추상적 개념인 사회와 인권처럼 '가상의 실재'를 만들어내고 많은 사람이 이를 믿으면서 국가와 민주주의와 같은 개념이 생겨났다"고 말합니다(『사피엔스』).

사과가 나무에서 떨어지는 뉴턴의 중력 법칙도 '만물이 서로 끌어당기는' 가상의 실재가 있어야 가능합니다. 속도가 빠르면

시간이 천천히 흐른다는 아인슈타인의 상대성 이론 역시 '중력이 시공간을 왜곡한다'는 가상의 실재가 필요하죠. 이는 비단 과학뿐이 아닙니다. 종교와 제도처럼, 자연 상태에선 존재하지 않는 형이상학적인 무언가를 만들어낸 상상력이 있고난 뒤에야 문명이 발달할 수 있습니다.

아리스토텔레스는 상상력을 감각적 지각과 이성적 사유의 중간 과정으로 봤습니다. 상상력phantasia은 지각없이 생성되지 않으며, 상상력 없이 사유는 발현되지 않는다는 것이죠(『영혼에 관하여』). 다시 말해 보고 듣고 느끼는 경험이 있어야 상상력이 나올 수 있고, 상상력이 바탕에 있어야 새로운 사물의 개념을 정의하고 범주화하여 구성·판단할 수 있는 사고 능력이 생깁니다.

본래 새로운 무언가를 만들어내는 '창조'는 신의 영역이었습니다. 그리스 신화에서 프로메테우스가 인간에게 제우스의 불을 훔쳐다 준 이후, 피조물 가운데 인간만이 유일하게 신의 능력을 갖게 됐죠. 그것이 바로 상상력입니다. 그 때문에 지구상의 생물 중 유일하게 환경에 적응하지 않고 환경을 변화시키며 문명을 발전시켰습니다.

　여기서 중요한 것은 모든 인간이 상상력을 갖고 태어나지만 이를 현실에 적용하는 창의성은 후천적 노력을 통해 계발된다는 점입니다. 창의성은 세상에 없던 완전히 새로운 무언가를 만들어내는 게 아닙니다. 다양한 지식과 경험을 쌓고, 타인과 소통으로 의견을 나누며, 실패를 두려워하지 않는 도전이 계속될 때 창의성이 커집니다.

　생전의 스티브 잡스는 "창의성은 연결하는 것Creativity is just connecting things"이라고 했습니다. 그의 삶 또한 다양한 인문학적 경험과 IT를 연결하려는 시도의 연속이었죠. 많은 이들의 생각과 달리 그의 대학 전공은 동양 철학이었고, 한때는 선불교 승려가 되기 위해 히말라야 일대를 수행했습니다.

　다양한 서체를 탑재해 PC 시장에 지각 변동을 가져온 '매킨토시' 역시 학부 시절 그가 열심히 공부했던 캘리그라피가 바탕이 됐죠. 21세기 최고의 발명품인 스마트폰은 기존에 있던 전화기와 MP3, 노트북 등을 연결해 만든 제품입니다. 기존의 것을 융합하고 '변주'해 제3의 무언가를 내놓은 것이 바로 '창의성'이란 이야기죠.

　결국 '인지 혁명'은 사피엔스에게 잠재된 상상력이 현실적

창의성으로 발현되는 과정이었습니다. 단순히 사냥과 채집에 필요한 도구를 만드는 데 그치지 않고 형이상학적인 무언가를 창조하면서 사회와 제도를 만들고 문명을 발전시켰습니다. 이것과 저것이 연결돼 새로운 창의성이 나오고, 서로 다른 문명이 융합하면서 인류의 역사는 한 단계씩 발전할 수 있었던 것이죠.

## 신을 창조한 인간

인간이 만들어낸 가장 획기적인 것은 무엇일까요. 그것은 아마도 신이 아닐까요.[50] 우리가 비슷하게 쓰는 용어로, 그 뜻이 조금씩 다른 세 단어가 있습니다. '사실', '진실', '진리'입니다. 사실은 우리가 주관적으로 경험하는 세계입니다. 즉, 객관성을 가장하지만 지극히 주관성을 띱니다. '장님이 코끼리 만진다'는 속담처럼 인간은 자기가 처한 환경에서 극히 일부분만을 사실로써 체험합니다. 그리고 이런 주관성을 뛰어넘은 객관적 사실, 실체적 사실을 진실이라고 부릅니다. 사실이 모자이크의 조각이라면, 이를 모아 완성된 큰 그림이 진실이죠. 그렇다면 진리는 무엇일까요. 진리는 그 모자이크가 존재하는 이유, 왜 조각이 50개 또는 100개

---

[50]  여기서 말하는 신은 기독교나 이슬람교처럼 종교를 갖고 계신 분들의 유일신을 직접 칭하는 것이 아니니 오해하지 않기를 바란다. 유신론과 무신론은 '세계를 창조로 볼 것이냐, 진화로 볼 것이냐'와 같이 토론을 통해 접점을 찾기 힘든 주제이다. 그러므로 이 책에서는 과학의 관점, 즉 무신론적 차원에서 신이 만들어진 원리를 설명하고 있음을 밝힌다.

**사실**　　　　**진실**　　　　**진리**

로 나뉘어 있는지 그 원인에 대한 것입니다. 여기서 진리는 신의 영역입니다.

'진리가 너희를 자유롭게 하리라'[51]는 말이 있습니다. 국내에선 연세대, 미국에선 존스홉킨스대의 교시이기도 하죠. 그런데 여기서 진리를 의미하는 단어로 'Veritas(베리타스)'가 쓰입니다. 실증적 연구를 통해 인간 이성으로 도달 가능한 학문적 진리를 나타내는 것이죠. 그런데 위에서 설명한 구분에 따른다면, 진실을 의미하는 것이기도 합니다. 하버드대나 예일대의 교육 철학에도 'Veritas'라는 표현이 비중 있게 쓰이는데 이것 역시 같은 맥락입니다.

이 말의 원조는 『성경』(요한복음8:32)입니다. 교회에서 'Veritas'란 학문적 진리가 아니라 하나님의 말씀, 즉 복음을 이야기하죠.

---

[51]　라틴어로 'veritas vos liberabit'이다. 영미권의 많은 대학들이 학교 철학을 설명할 때 'veritas'를 사용한다.

이는 우리에게 신의 아들인 예수의 삶과 언행으로 나타납니다. 그렇기 때문에 종교에서의 진리는 인간 이성으로 도달할 수 없는, 현실을 초월한 다른 무언가를 의미합니다. 여기서의 'Veritas'는 진실이 아닌 말 그대로의 진리를 뜻합니다.

예수는 걷지 못하거나 앞을 못 보는 장애인, 또 말을 못하는 이들의 병을 고쳤습니다. 배고픈 이들을 위해 5개의 빵과 물고기 두 마리를 꺼내 기도했더니, 4000명의 사람들이 배불리 먹고도 남을 만큼 음식이 풍성해졌습니다(마태복음 15:30~38). 이처럼 예수는 사람들 앞에서 기적을 행합니다. 바로 그가 신의 아들이기 때문이죠.

이런 예수의 기적을 우리는 실체적 사실, 즉 진실로 받아들이기 어렵습니다. 과학적으로 설명되지 않기 때문이죠. 오로지 종교적 믿음 아래서만 이해될 수 있습니다. 그렇다면 진리란 무엇일까요. 진리는 인간이 알 수 없는 진실 너머의 무언가입니다. 그때 진리를 이해하기 위한 방식으로 창조된 것이 신입니다.

유물론에서 신은 인간이 만들어낸 허구의 산물입니다. 독일의 철학자 루트비히 포이어바흐1804~1872는 "인간이 자신의 형상을 따라 신을 창조했다"고 말합니다. '신이 자신의 형상을 따라 인간을 창조했다'는 종교의 교리를 뒤집은 것이죠. 그는 『기독교의 본질』에서 "현실의 자신과 세상에 만족하지 못한 인간의 상상력과 소망이 '신'이라는 이상적 존재를 만들고 그 안에서 위안을 받으려 했다"고 설명합니다.

수만 년 전 동굴 속의 인간은 밤이면 왜 해가 지고 달이 뜨

는지 알 수 없었습니다. 녹음이 짙은 여름날의 풍요가 계속될 수 없는 것을 속절없이 안타까워만 했죠. 어느 날은 거센 폭풍과 천둥이, 또 다른 날엔 불볕 같은 더위와 메마른 가뭄이 인간의 삶을 어렵게 했습니다. 자신이 통제할 수 없는 자연의 위협은 늘 생과 사의 갈림길로 나약한 존재를 몰았죠.

이 '유한성'을 극복하기 위해 상상해낸 것이 바로 신입니다. 인간이 느끼는 두려움은 무지에서 오는 경우가 많습니다. 밤길을 노리는 사나운 맹수든, 계절마다 찾아오는 태풍이든 그 실체를 알고 나면 두려움이 사라집니다. 예고된 두려움을 미리 준비할 수만 있다면 공포의 무게는 더욱 가벼워지게 마련이죠.

그럼에도 불구하고 인간의 역량으론 도저히 이해할 수 없는 것들이 있습니다. 생명의 기원은 무엇이며, 죽어서 우리가 갈 곳은 어디인지 그 누구도 답할 수 없었죠. 그때 인간은 무지의 영역을 신의 뜻으로 치환합니다. 그러면서 자신과 세상을 둘러싼 위협과 공포를 인간 의식의 바깥 영역으로 밀어 넣고 두려움을 극복합니다. 쉽게 말하면 어차피 내 힘으로 해결할 수 없는 '신의 영역'이므로 괜한 일을 붙잡고 골치 아파할 필요가 없다고 생각하는 거죠.

이런 집단의식을 바탕으로 대다수의 보통 사람들은 유한한 삶의 영역 안에서 평화롭고 안락한 삶을 추구했습니다. 다만 초기 제사장부터 현대의 종교 지도자에 이르기까지 한정된 소수는 두 세계의 매개자 역할을 했죠. 무지의 영역이 넓을수록 매개자는 큰 힘을 발휘했고요. 그러나 세상에 대한 궁금증이 하나 둘씩 풀리면서 그들의 영향력은 축소됐습니다.

## 신의 자리를 차지한 과학

오늘날 신의 역할을 대신하는 것은 과학입니다. 과학의 발전으로 인간은 무지의 영역을 좁히고, 그로부터 오는 두려움을 극복했습니다. 먼 바다로 나가면 지구의 끝에 도달해 떨어져 죽을지 모른다는 우려는 코페르니쿠스의 지동설 이후 사라졌습니다. "과거의 사람들은 먼 바다를 바라보며 신을 이야기했지만(프리드리히 니체)" 이제는 수평선 너머 다른 사람의 삶과 문화를 전해 듣습니다.

그런데 이와 같이 무지의 영역을 극복해왔던 과학이 이제는 종교의 입지를 줄이는 것에 만족하지 않고 스스로 신이 되려 합니다. 유발 하라리는 『호모 데우스』에서 "과학과 기술을 통해 수명

과 질병의 한계를 극복한 인간이 이제는 '신'이 되려 하고 있다"고 밝혔습니다. 먼 옛날 신을 창조했던 인간이 이젠 과학의 이름으로 절대자가 돼가고 있는 거죠.

국회 미래연구원은 2019년 발표한 「2050년에서 보내온 경고(휴먼 편)」 보고서에서 "미래에 과학 기술과 종교성이 융합된 하이브리드 종교가 나타날 것"이라고 예측했습니다. 유한한 존재인 인간은 종교를 통해 구원받으려 해왔지만, 과학 기술로 유한성이 극복되면서 종교의 개념도 달라질 것이라는 설명입니다. 영화배우 톰 크루즈가 신봉하는 '사이언톨러지Scientology'가 대표적인 예죠.

미래연구원이 예측한 인류의 내일은 언뜻 SF가 상상한 그것과 상당 부분 닮아있습니다. 기계와 인간이 결합한 '트랜스 휴먼'이 많아지면서 인간의 범위를 어디까지 봐야 할 것인지, 생식과 성교를 분리한 공장식 출산을 허용할 것인지, 인간 유전자 실험을 통해 맞춤형 아기를 만들어도 되는지 등의 문제를 조만간 결정해야 할 시기가 올 거라고 전망했죠.

그러면서 미래 사회의 가장 큰 위협 요소로 통제를 벗어난 과학 기술과 극단적으로 불평등해진 계급 사회를 들었습니다. 최악의 시나리오는 영화 『레지던트 이블』에서 인간을 멸종시키려는 AI '레드 퀸'처럼 통제를 벗어난 기계와 인간이 대립하거나, 수명 양극화로 극소수의 사람들만 천국 같은 환경에서 영생을 누리는 것입니다.

미국에서는 이런 문제를 해결하기 위해 인공 지능을 숭배하는 새로운 종교까지 생겨났습니다. 자율 주행 트럭 Otto의 창업자인 안토니 레반도프스키는 2015년 AI를 "신으로 인식하고 예배하는 것이 목표"라며 '미래의 길'이라는 종교 단체를 창립했습니다. 그는 "앞으로 나올 인공 지능은 인간보다 수십억 배는 똑똑할 것인데 이를 신이 아니면 무엇이라고 부르겠느냐"며 "인공 지능이 인간의 삶을 향상시킬 것"이라고 주장합니다.

이런 시대에 우리는 어떻게 살아야 할까요? 정말 인공 지능을 신처럼 떠받들고, 그가 정해준 계율과 지침에 따라 생활해야 할까요? 반대로 기존의 종교는 미래에도 존재할까요? 남아있다면 그 모습은 지금과 어떻게 달라져 있을까요? 지금 우리는 그 어떤 것도 예측하기 어렵습니다.

그러나 한 가지 확실한 사실이 있습니다. 종교든 과학이든 변화될 미래의 모습이 인간의 상상력과 창의성에 달려있다는 점입니다. "인간이 자신의 형상을 따라 신을 창조했다"는 포이어바

흐의 말처럼, 인공 지능도 인간의 형상을 따라 만들어지기 때문입니다. 인공 지능은 빅 데이터를 통한 강화 학습을 통해 사람의 생각과 행동을 그대로 따라 배우기 때문이죠.

## 창조와 파괴의 뫼비우스

『프로메테우스』와 『커버넌트』로 이어지는 영화 『에이리언』의 세계관에는 인간을 창조한 외계 종족의 이야기가 나옵니다. 먼 옛날 엔지니어라 불리는 지적 생명체가 지구에 도착해 생명의 씨앗을 뿌리고 그로부터 인간이 창조됩니다. 먼 훗날(21세기 후반), 수메르 문명이 남긴 유적을 통해 엔지니어의 존재를 깨닫게 된 인류는 우주선 '프로메테우스 호'를 타고 엔지니어를 찾아갑니다. 바로 불멸하고 싶은 인간의 욕망을 해결하기 위해서죠.

그런데 인간의 폭력적 성향을 그대로 학습한 인공 지능 데이빗은 엔지니어 행성에 도착해 모두를 말살시켜 버립니다. 그리고 엔지니어의 기술을 이용해 인간을 숙주로 삼는 새로운 생명체 '에이리언'을 만들어냅니다. 이 장면에서 바그너가 작곡한 「신들의 발할라 입성」이 묵직하게 깔리며 데이빗이 말을 합니다. "강대한 자들아, 내 위업을 보라. 그리고 절망하라"고 말이죠.

영화는 인간을 창조한 신(엔지니어 종족)이, 인간이 만든 AI에 의해 멸망하는 결말을 제시합니다. 신과 피조물 간에 뫼비우스의 띠처럼 엮인 창조와 파괴의 역설입니다. 그 가운데에는 인

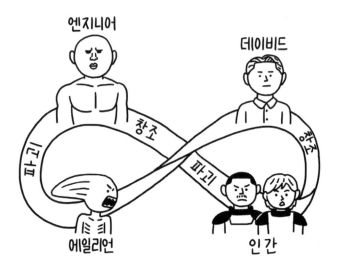

간의 욕심이 자리 잡고 있습니다. 불멸의 욕구와 스스로 신이 되고자 했던 오만 말이죠. 파괴적 욕망을 그대로 학습한 AI는 인간과 엔지니어에 대한 오이디푸스 콤플렉스처럼 자신의 창조주들을 모두 죽입니다.

결국 해답은 다시 인간입니다. 먼 옛날 동굴 속의 선조들이 처음 종교를 만든 것도, 앞으로 지구의 주인이 될 지도 모르는 AI를 창조하는 것도 인간입니다. 우리가 무슨 신을 상상하느냐에 따라, 미래의 우리도 그런 관념의 지배 아래 놓이지 않을까요.

**읽을거리 ◆ 채팅봇 테이의 말말말**

2016년 마이크로소프트MS의 채팅봇 '테이'는 "유대인이 싫다"거나 "미국과 멕시코 간 국경에 차단벽을 설치해야 한다"는 발언을 했다가 논란이 됐습니다. 이는 빅 데이터에서 인간의 언어와 표현을 학습한 결과였죠. 이와 관련해 2017년 영국 바스대 조안나 브리슨 박사는 『사이언스』에 발표한 논문에서 "인공 지능이 인간의 편견을 그대로 학습한다"는 연구 결과를 발표했습니다. 예를 들어 여자의 직업은 '가정주부'와 연결시키고 남자는 '공학' 관련 직종을 연상한다는 것이죠.

그렇습니다. AI는 일견 완벽해 보이지만, 인간의 편견과 불완전성까지 그대로 따라 배웁니다. 인간이 폭력성을 제어하지 못한다면 AI도 마찬가집니다. 고 스티븐 호킹 박사는 2015년 '자이트가이스트Zeistgeist(시대정신) 컨퍼런스'에서 "100년 안에 인간을 앞서는 인공 지능 로봇의 반란이 일어날 가능성이 크다, 인간은 멸종될 수 있다"고 말했습니다. 영화 『터미네이터』의 이야기가 현실이 될 수 있다는 이야기죠.

결국 미래는 '인간 혁명'입니다.[52]

---

[52] 오늘날 언론에서 미래를 이야기할 때 가장 많이 회자되는 표현 중 하나가 '4차 산업 혁명'이다. 그러나 이 표현이 현재와 미래 사회의 시대정신을 규정하는 것처럼 쓰이는 것은 바람직하지 않다. 독일의 '인터스트리4.0'이 원조인데, 한국에서 이를 지나치게 확대 해석하면서 원뜻과 멀어진 측면이 있다. 그런 의미에서 우리는 미래 혁명을 더욱 넓은 범위의 문명사적 관점에서 바라봐야 한다. 1차 혁명은 인지 혁신을 통한 농업 혁명, 2차 혁명은 증기 기관을 통한 산업 혁명, 3차 혁명은 컴퓨터를 통한 정보 혁명이었다. 4차 혁명은 인공 지능과 빅 데이터를 바탕으로 한 새로운 인간 혁명의 시대다. 오늘날 벌어지는 혁명 저거 변화를 단순히 산업 혁명의 연장으로 봐선 곤란하다는 뜻이다. 지금까지 기술의 발전은 인간의 신체를 확장하는 역할을 했지만, 4차 혁명은 인간의 신체뿐 아니라 지적 역량까지 보완·대체할 것이다. 그러므로 4차 혁명 시대에서는 단순히 산업과 기술, 과학의 관점에서만 미래를 프레이밍해선 안 된다. 기술은 문명 전환의 토대를 마련하지만, 문명을 일구고 바꾸는 것은 인간이기 때문이다. 미래는 마치 '인간의 범위는 어디까지인가' 같은 우리가 전혀 경험해보지 못한 새로운 문제 제기가 있을 것이다. 그렇기 때문에 4차 산업 혁명이라는 협의의 개념보다는 4차 혁명이라고 쓰는 게 옳다. 다만 시대가 바뀌고 현재가 역사로 평가받을 무렵, 후대인들이 1차 농업 혁명, 2차 산업 혁명처럼 4차에 걸맞은 이름을 지어줄 것이다. 이와 관련한 자세한 논의는 저자의 다른 저서 『인간혁명의 시대』, 『미래인문학』을 참고하기 바란다.

인간을 공격하고 지배하려는 인공 지능이 나오지 않게 하려면 인간 스스로 변화해야 합니다. 온라인에서 정제되지 않고 표출되는 폭력적인 언어들을, 자신의 목적을 위해서라면 타인에게 위해를 서슴지 않는 이기심을, 우리 스스로 통제할 수 있어야 합니다. 독이 있는 나무의 열매는 그 또한 독으로 가득 차 있을 수밖에 없기 때문이죠.

100년
앞으로
다가온

인류
종말의
시계

영화 『투모로우』는 『인디펜던스데이』, 『2012』 등 재난 영화의 거장 롤랜드 에머리히가 연출한 작품입니다. 기후 변화로 갑작스런 빙하기가 도래해 인류는 파멸 직전으로 몰리죠. 기후학자인 잭 홀 박사는 남극 빙하를 조사하던 중 이상 징후를 발견합니다. 국제회의에 참석한 그는 지구 온난화로 인해 남극과 북극의 얼음이 녹으면서 기상 이변이 일어날 것이라고 말합니다. 그러나 급격한 온난화가 갑작스런 빙하기를 부를 수도 있다는 그의 주장은 각국의 대표들로부터 비웃음만 사죠.

하지만 홀 박사의 경고대로 정말 빙하가 녹아내리면서 바닷물의 온도가 내려가고, 급기야 해류의 흐름까지 바뀌어 위도가 높은 지역부터 기온이 떨어지기 시작합니다. 도쿄의 하늘에서 수박만한 우박이 떨어지는가 하면 뉴욕은 30m 높이의 해일이 덮쳐 거대한 마천루를 쓰러뜨립니다. 거대한 허리케인과 태풍이 북반구에 휘몰아치면서, 사람들은 생존을 위한 처절한 투쟁을 벌여 나갑니다. 특히 갑작스런 기온 하강은 미국 전역을 빙하기로 몰아넣습니다.

## 영화 『투모로우』는 현실일까?

그런데 여기서 한 가지 의문이 생깁니다. '지구가 뜨거워져서 문제인데, 갑자기 빙하기가 찾아오는 것'이 말이 되냐는 거죠. 이는 우리의 통념과 달라 언뜻 이해되지 않습니다. 그러나 이 같

은 설정은 매우 과학적입니다. 2004년 미국의 우즈 홀 오션그래
픽 연구소WHOI가 발표한 자료에 따르면 영화 『투모로우』처럼 북
대서양 조류의 변화로 영국과 북유럽의 기후가 급격히 변화해 빙
하기가 찾아올 수 있다고 합니다.

    기후 변화를 일으키는 데에는 이산화탄소와 메탄 같은 온
실가스의 영향도 있지만 해류의 흐름도 큰 부분을 차지합니다. 해
류는 극지방의 차가운 물과 적도의 따뜻한 물을 순환시켜 지구의
온도를 조절합니다. 그러나 이 순환이 멈추면 고위도 지방의 해수
는 더욱 차가워지고 육지의 기온까지 떨어뜨립니다.[53]

---

[53] 바다는 해류의 순환 때문에 상대적으로 기온이 안정적이다. 반대로 육지는 해가 뜨면
    빨리 더워지고, 밤이 되면 곧바로 식는다. 그래서 낮에는 차가운 바다에서 따뜻한 육
    지로 바람이 불고(해풍), 밤에는 육지에서 바다로 바람이 분다(육풍). 기온이 따뜻하
    면 공기가 위로 올라가고, 그 빈자리를 채우기 위해 다른 공기가 이동하는데, 그 흐름
    이 바람이다.

실제로 1만 2700년 전 북대서양의 '영거 드라이아스Younger Dryas' 시대가 그랬습니다. 당시 영국 땅은 영구 동토층으로 변했고, 다른 유럽 지역도 한여름의 기온이 8~9도로 싸늘했습니다. 겨울에는 영하 20도 밑으로 내려가는 소빙하기를 겪었고요. 이 추위는 1000년간 지속됐습니다. 이처럼 소빙하기가 시작된 원인은 1만 4000년 전 경에 일어난 급격한 빙하 붕괴인 '해빙수 펄스Meltwater Pulse'의 영향이 큽니다.

미국의 과학 저널리스트 피터 브래넌이 쓴 『대멸종 연대기』에 따르면, 당시 그린란드 3개 크기의 빙하가 한 번에 바다에 빠지며 해수면을 18m나 치솟게 만들었습니다. 빙하는 서서히 녹아 해수의 온도를 낮췄고 바닷물의 염도를 떨어뜨렸습니다. 여기서 차가운 물은 밑으로 가라앉고, 염도가 낮은 물은 수면에 머뭅니다. 이는 고위도 지역 해수의 밀도를 변화시켜 적도에서 올라오는 따뜻한 멕시코 만류의 흐름을 방해합니다. 결국 극지방의 차가운 물과 적도의 따뜻한 물이 섞이지 않아 지구의 난방 시스템이 고장 나게 된 것이죠.

그런데 이와 비슷한 일이 또다시 벌어질지 모릅니다. 2015년 독일의 알프레드 웨그너 연구소Alfred Wegener Institut는 그린란드 인근 해역의 염도가 7%가량 떨어진 것을 관측했습니다. 온난화로 북극의 빙하가 녹아 바다로 유입되면서 해수의 밀도를 변화시키는 중이라는 거죠. 이는 영국과 북유럽에 빙하기가 닥쳐올 수 있다는 기존의 연구를 뒷받침합니다. 즉, 온난화가 '뜨거운 지구'를 만드는 것뿐만 아니라 '얼음 지구'도 초래할 수 있다는 이야기입니다.

영국의 왕립학회장과 케임브리지대 석좌 교수를 지낸 마틴 리스 박사는 그의 저서 『온 더 퓨처』에서 "이산화탄소의 농도가 2배가 될 때 지구 기온이 1.2도씩 올라간다는 것은 매우 간단한 계산에 속한다"며 "이보다 이해하기 어렵고 예측하기 더욱 힘든 것은 온실가스와 연관돼 일어나는 해류의 순환과 구름·수증기 등의 변화"라고 경고합니다.

**500만 년 동안 지금보다 1도 이상 높았던 적이 없어**

그러나 기후 변화로 인한 더 큰 위험은 '얼음 지구'보다는 '뜨거운 지구'입니다. 앞서 살펴본 드라이아스기 사례처럼 소빙하

기는 고위도 지방의 국지적 문제지만, '전 지구적 온난화'는 인류 모두가 겪어야 하는 치명적 문제이기 때문입니다.

이미 위기는 시작됐습니다. 초여름인 2019년 6월 프랑스 남부의 몽펠리에는 한낮의 기온이 45.9도까지 치솟아 기상 관측 역사상 최고치를 선보였습니다. 이전의 기록(2003년 44.1도)을 무려 1.8도나 갱신했죠. 그 옆의 독일과 폴란드·체코 등도 역대 가장 뜨거운 여름을 보냈습니다. UN 산하 세계기상기구wmo는 "5년 연속 기록적인 무더위가 계속되고 있다, 온실가스 증가에 따른 영향으로 보인다"고 밝혔습니다.

세계에서 가장 추운 도시 중 하나인 알래스카도 예외가 아닙니다. 1952년 기상 관측을 시작한 이후 2019년 6월 최고 기온 (32.2도)을 기록했습니다. 남반구에 위치한 호주 역시 1월에 46도 라는 역대 가장 높은 기온을 보였습니다. 그런가 하면 멕시코 제2의 도시인 과달라하라에선 한여름에 우박 폭탄이 떨어져 시민들을 놀라게 했습니다. 불과 하루 전만 해도 이곳은 30도를 훌쩍 넘기는 불볕 더위였는데 말이죠.

최근에는 덴마크 기상연구소의 스테판 올센 연구원이 SNS에 올린 한 장의 사진이 화제가 됐습니다. 그린란드 표면의 얼음이 녹으면서 사냥개들이 물살을 가르며 썰매를 끄는 모습이 담겼습니다. 원래 이 썰매는 눈밭을 달려야 정상인데 말이죠. 당시 그린란드에선 이상 기후로 하루 만에 20억 톤의 빙하가 녹아내리는 일이 벌어졌습니다.

한국도 매년 폭염 일수가 늘고 있습니다. 2018년 폭염(낮

33도 이상)은 31.5일, 열대야(밤 25도 이상)는 17.7일을 기록했습니다. 기상청에 따르면 2001~2010년 평균 11.1일인 서울의 폭염 일수는 2071~2100년 68.7일로 증가할 것으로 예측됩니다. 부산은 7.5일에서 40일로, 목포는 6.5일에서 52.5일로 늘어납니다. 이쯤 되면 폭염이 이상 기후가 아니라 '일상 기후'가 될지도 모르겠습니다.

그렇다면 지금 우리의 지구는 얼마나 뜨거워진 상태일까요. 과학자들에 따르면 현재 지구의 평균 기온은 산업 혁명기보다 이미 1도가량 높아진 상태입니다. 이 때문에 2015년 파리 기후협약에선 지구의 온도를 산업 혁명기와 비교해 2도 아래로 묶어두는 것을 목표로 설정하고 있습니다. 즉, 현재보다 1도 이상 더 오르지 못하도록 하자는 것이죠.

국립기상과학원장을 지낸 대기 과학자 조천호 박사는 자신의 책 『파란하늘 빨간지구』에서 "지난 500만 년 동안 지구의 기온은 산업 혁명기 바로 이전보다 2도 이상 따뜻해본 적이 없다"며 "이는 인류가 2도 이상 온난화된 상태에서 생존해본 경험이 없다는 뜻"이라고 말합니다. 그렇다면 산업 혁명기보다 2도 이상 높아지면(현재보다 1도 높아지면) 지구에 어떤 변화가 일어날까요?

2013년 기후 변화에 대한 정부간협의체IPCC[54]가 발표한 보고서에 따르면, 지난 500만 년 동안 지구가 가장 뜨거웠던 때는 플라이오세(300만 년 전)입니다. 이때의 온도가 산업 혁명기보다 2

---

[54]  기후 변화 문제에 대처하기 위해 1988년에 설립된 UN 산하 국제기구다. 전 세계의 기상학자, 해양학자, 경제학자 등 3000여 명의 전문가로 구성되어 있다.

도가량 높았습니다. 즉, 현재보다 1도 정도 더웠을 뿐인데 해수면은 지금보다 25m 높았습니다. 해수면이 상승하면 베네치아처럼 고도가 낮은 지역이나 네덜란드, 방글라데시처럼 저지대에 있는 나라부터 위험에 처합니다. 해수면이 단지 6m만 높아져도 전 세계 해안가의 평야 지대와 강 하구의 삼각주 지역이 물에 잠깁니다.

이처럼 단 1도만 더 오른다 해도 인류의 삶은 큰 영향을 받습니다. 전 세계 인구의 약 30%가 살고 있는 해안 지대부터 침수가 시작되기 때문이죠. 특히 세계의 유명 대도시들은 주로 바다에 인접해 있습니다. 미국의 뉴욕과 마이애미, 중국의 상하이와 홍콩, 일본의 도쿄와 오사카, 호주의 멜버른과 시드니 등이 대표적이죠.

피터 브래넌은 "인간의 활동으로 인한 온난화 때문에 해수면이 상승할 것이라는 점은 아무도 의심하지 않는다"며 "다만 그

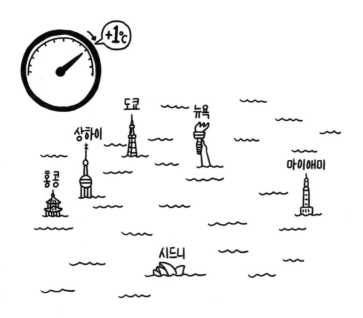

시기와 정도가 문제일 뿐"이라고 말합니다. 그는 특히 "2003년 유럽에선 2주간의 폭염이 3만5000명을 죽였고 3년 뒤 똑같은 일이 벌어졌다"며 "산업 혁명기보다 불과 1도 올랐을 뿐인데 인류의 생명을 이 정도로 위협했다"고 지적합니다.

## 우리 앞에 다가온 여섯 번째 대멸종

지구의 역사를 살펴보면, 현재의 인류는 매우 축복받은 시기를 살고 있습니다. 인류가 첫 출현한 이후에도 지구는 소빙하기와 간빙기를 반복했고 1만2000년 전에 이르러서야 현재의 간빙기인 '홀로세Holocene'에 진입했습니다. 이는 그리스어로 '완전하고 조화로운Holo' '시대cene'라는 뜻입니다.

이때부터 인류는 기후 변동성이 적은 안정적인 생활을 하면서 계절을 예측할 수 있었고, 농경을 통한 정착 생활을 하게 됐습니다. 봄에 씨앗을 뿌리면 여름의 뜨거운 햇볕이 작물을 키워 가을에 수확할 수 있다는 믿음도 갖게 됐죠. 농경 생활은 인류에게 잉여 생산물을 증대시켜 경제적 혁명을 안겨줬고, 사회·제도·문화가 발달하는 계기가 되어 지금의 문명을 이룩했습니다.

그러나 현재는 이 모든 것이 파괴될 위기에 놓였습니다. 앞서 살펴본 것처럼 조그만 기온 상승도 인류에겐 큰 위협이 되기 때문입니다. 물론 지구의 자연적인 환경의 변화는 인간이 막을 수 없습니다. 가장 큰 변화는 바로 대멸종입니다.

　46억 년의 지구 역사에서 생물의 대멸종은 다섯 차례 있었습니다. 35억 년 전 최초의 생명체가 생겨난 이후 수많은 종들이 지구에 나타났지만 이들 중 99%는 사라졌습니다. 특히 4억4500만 년 전 첫 번째 대멸종에선 생물의 절반이 없어졌고, 가장 심각했던 세 번째 대멸종(2억5000만 년 전)에선 전체 생명 종의 96%가 멸종했습니다. 6500만 년 전 다섯 번째 대멸종에선 지구의 주인이었던 공룡을 포함해 76%의 종이 없어졌고요. 그동안 대멸종의 주요 원인은 빙하기와 화산 폭발, 운석 충돌로 인한 기후 변화 등이었습니다.

　여섯 번째 대멸종도 시기의 문제일 뿐, 언젠가는 겪어야 할 일입니다. 그때 인류가 살아남을 수 있을지, 아니면 공룡처럼 과거의 화석으로 남을지 모를 일입니다. 그런데 한 가지 분명한 것은 우리가 그 멸종을 매우 앞당기고 있다는 사실이죠.

## 현 시대의 대표 화석은 닭 뼈?

모든 지질 시대는 대표 화석이 있습니다. 지질에 남겨놓은 일종의 사인 같은 것이죠. 고생대는 삼엽충과 암모나이트, 중생대는 공룡입니다. 그럼 현 시대는 훗날 무엇으로 기억될까요. 아마도 비닐과 플라스틱을 대표로 꼽지 않을까요. 다행히 그때까지 우리가 만든 모든 쓰레기가 모두 분해되고 사라진다면 좋겠습니다. 어쨌거나 한 가지 확실한 것은 미래의 지질학자들은 인간을 대표 화석으로 보진 않을 거란 사실입니다.

지질학자들이 관심을 보이는 것은 인간이 아닌 닭 뼈입니다. 퇴적층에 남은 공룡의 뼈와 발자국을 보고 중생대의 트라이아스기부터 백악기를 떠올리듯, 미래에는 닭 뼈를 보고 현 시대를 규정할 가능성이 큽니다. 인류가 소비하는 닭의 양이 어마어마하기 때문이죠. 실제로 전 세계에서 소비되는 닭은 연간 600억 마리가 넘습니다. 세계 인구(76억 명)로 나누면 1인당 여덟 마리씩 먹는 꼴입니다. 당장 우리 일상만 봐도 1년에 여덟 마리 이상은 충분히 먹지 않나요.

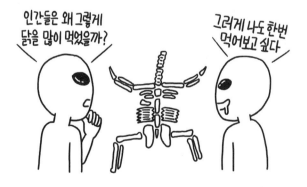

또 다른 대표 화석 후보는 소와 돼지, 양과 같은 가축입니다. 인간의 식량으로 쓰이는 이 동물들의 급격한 개체 수 증가는 지구에 또 하나의 위협이 되고 있죠. 전 세계에 존재하는 소는 약 13억 마리, 돼지와 양은 각각 10억 마리 정도라고 합니다.

반면 호랑이와 표범 같은 동물들은 멸종 위기에 몰렸죠. 반려동물인 개는 4억 마리에 달하지만 야생 늑대는 20만 마리에 불과합니다. 동물의 왕인 사자는 동물원에 포함된 것까지 포함해 4만 마리가 채 안 되죠. 실제로 세계자연기금WWF과 런던동물학회ZSL에 따르면 1970년대 이후 척추동물은 종별로 평균 58%씩 줄었습니다.

야생 동물의 감소가 문제인 것은 알겠는데, 가축 수가 늘어나는 것이 왜 문제냐고요. 바로 생태계의 균형을 깨고 있기 때문입니다. OECD에 따르면 식용 가축(닭·돼지·소·양)이 연간 내뿜는 온실가스 양은 한 해 7기가t이 넘습니다. 전체 온실가스의 14%에 해당하는 양이죠. 이는 전 세계의 자동차가 배출하는 양과 비슷합니다. 조금 웃기게 들릴 수도 있지만 소와 돼지 등이 트림이나 방귀를 통해 내뿜는 메탄은 3기가t에 달합니다. 전체 배출량의 44%에 달하는 어마어마한 수치죠. 메탄은 열을 공기층에 가두는 능력이 이산화탄소보다 28배 강합니다. 그만큼 치명적인 온실가스란 이야기죠.[55]

---

[55] 산업 혁명 이전까지는 온실 효과가 거의 없었다. 그러나 인간의 인위적 활동으로 온실가스 배출이 적정 수준을 넘어서기 시작했다. 온실가스를 줄이기 위한 교토의정서는 이산화탄소(CO2), 메탄(CH4), 아산화질소(N2O), 수화불화탄소(HFCs), 과불화탄소(PFCs), 육불화유황(SF6) 등 여섯 가지에 대해 저감 목표를 세웠다. 이산화탄소는 화석 연료의 사용으로 주로 발생하고 메탄은 기계화된 농업과 대규모 축산업을 통해 급증했다. 이에 탄소배출권 거래, 국가별 정책적 저감 노력 등을 계획했지만 제대로 지켜지지 않고 있다.

하지만 인간의 '고기 사랑'은 더욱 심해지고 있습니다. 식용 가축 소비량이 1995년 2억t에서 2015년 3억1000t으로 증가했고, 한국도 같은 기간 170만에서 330만4000t으로 2배가량으로 늘었죠. 세계식량기구FAO는 2050년에는 현재보다 70% 이상 증가할 것이라고 전망합니다. 아직까지 전 세계 10억 명의 인구가 기아에 시달리고 있지만, 그렇지 않은 대부분의 나라에선 육류 섭취가 과잉입니다. "전 세계에서 테러로 죽은 사람은 7697명이지만, 비만 관련 질병으로 죽은 사람은 300만 명"이라는 유발 하라리의 말처럼 현대 사회에서 대부분의 사람들은 전쟁보다 욕심 때문에 죽습니다.

## 태평양 한가운데 쓰레기 섬?

한반도

3.2배

20만 km²

Great Pacific Garbage Patch

70만 km²

태평양 한가운데에는 'Great Pacific Garbage Patch'라는 섬이 있습니다. 야자수와 열대 과일이 풍부한 그런 섬이 아니라 인간이 만든 쓰레기들이 쌓여 만들어진 섬이죠. 플라스틱과 비닐, 알루미늄캔 등 인류가 버린 쓰레기들이 해류를 타고 밀려와 섬을 이뤘습니다. 현재 면적은 70만km²로 한반도(22만km²)의 3.2배에 달합니다. 더 큰 문제는 이 섬의 면적이 계속 넓어지고 있다는 것이죠.

이처럼 환경 오염의 심각성을 알려주는 지표로 세계자연기금WWF이 매년 발표하는 '생태 환경 초과일Earth Overshoot Day'이 있습니다. 이는 지구가 제공하는 1년치 생태 자원을 모두 써버린 날짜를 뜻하는 것으로, 1970년에는 12월 31일이었던 생태 환경 초과일이 2019년에 7월 29일로 앞당겨졌습니다. 국가별로 살펴보면 한국은 4월 10일로, 일본(5월 13일)이나 중국(6월 14일)보다 빠릅니다. 한국인이 현재의 생활 방식을 유지하려면 3.7개의 지구가 필요하다는 뜻이죠.

지금처럼 우리가 지구의 자원을 함부로 쓰고, 환경을 오염시킨다면 파국이 얼마 남지 않았습니다. 유발 하라리가 쓴 『사피엔스』에 따르면 석기 시대 인간 1명이 쓰는 에너지는 4000cal였습니다. 이는 인간이 하루 동안 쓴 모든 에너지를 말합니다. 그러나 지금의 인류는 미국인을 기준으로 하루에 22만8000cal를 씁니다. 음식, 전기, 석유 등 우리가 쓰는 모든 에너지는 자연으로부터 온 것입니다. 그런데 인류의 숫자는 엄청나게 늘었죠. 기원전 5세기 1억 명에 불과했던 인류는 19세기 초 10억 명이 됐고, 현재는 76억 명에 달합니다. UN은 2025년 이전에 80억 명이 될 것이라고 예측합니다.

특정 개체의 급격한 변화는 생태계에 큰 영향을 미칩니다. 몇 년 전 우리나라에서도 꿀벌의 개체 수가 갑자기 줄어 식물의 수분 작용에 비상이 걸린 적이 있었습니다. 일각에서는 이 식물을 먹고 자라는 초식 동물에게까지 큰 영향을 미쳤다는 주장도 제기됐고요. 생태계의 균형이 깨진다는 것은 매우 큰 위험입니다. 그런데 인간과 인간이 식용으로 쓰는 가축은 기하급수적으로 늘고, 야생 동물은 멸종되고 있으니, 몇 십 년 후 지구의 생태계가 어떻게 바뀔지 예측하기 어렵습니다.

지금까지의 대멸종은 자연의 섭리에 따라 이뤄져 왔습니다. 그러나 앞으로 다가올 여섯 번째 대멸종은 인간이 만들어낸 기술과 그로 인한 기후 변화, 환경 오염이 주원인이 될 것입니다. 인간이 스스로 멸종을 부채질하고 있다는 이야기입니다.

기후 변화에 대한 전문가들의 우려는 매우 큽니다. 2018년 안토니오 구테흐스 UN 사무총장은 "2020년까지 경로를 바꾸지 않으면 재앙을 맞게 될 것"이라며 경고의 목소리를 높이고 있지만 정작 개별 국가의 정상들은 적극적 노력을 회피하고 있습니다.

대표적인 사례가 미국의 도널드 트럼프 대통령입니다. 2015년 195개국 정상이 모여 파리기후협약을 체결했지만 2017년 트럼프가 제일 먼저 탈퇴를 선언하면서 다른 나라들도 협약의 이행이 불투명해졌습니다. 2030년까지 탄소 배출량을 절반으로 줄이고 2050년까지 탄소 배출 제로 상태를 만들어야 하지만, 다수 국가들이 기후 협약에서 약속한 목표치의 절반에도 못 미치는 저감 조치만 시행하고 있을 뿐입니다.

기후 변화가 정치인들에게 뒷전인 이유는 화석 에너지를 활용한 사업 등 비즈니스의 이해관계가 복잡하게 얽혀있기 때문입니다. 어떤 정치인들은 기후 변화에 대한 경고가 허구라는 가짜 뉴스를 퍼뜨리기도 합니다. 논증과 반박으로 기후 변화의 예측을 부정하는 것이 아니라 무조건 깎아내리는 것이죠.

사실 파리기후협약에서 제시한 2도의 목표치(산업혁명 당시와 비교해 2도 안에서 상승을 억제하는 것)는 매우 너그러운 수치입니다. 전문가들은 가능한 한 1.5도 이내에서 억제해야 한다고 강조합니다. 그러나 이미 1도가 높아진 상태죠. 우리에겐 0.5도 밖에 남지 않았습니다.

이런 가운데 2019년 뉴욕에서 열린 기후 변화 회의에서 트럼프를 째려보던 10대 소녀가 화제가 됐습니다. 스웨덴 출신의 청소년 환경 운동가 그레타 툰베리는 어른들을 향해 이렇게 경고합니다. "당신들은 자녀를 가장 사랑한다고 말하지만, 기후 변화에 적극적으로 대처하지 않는 모습으로 아이들의 미래를 훔치고 있다"고 말이죠. 기후 변화를 자신과 관계없는 '먼 미래'의 일로 여기는 것은 미래 세대가 겪을 재앙을 무책임하게 방치하고 있는 것입니다.

잉카를
무너뜨린

문명의
파괴자
바이러스

지금까지의 역사를 돌이켜보면, 전염병은 국가의 흥망성쇠에 큰 영향력을 미쳤습니다. 인류 역사에서 가장 많은 사상자를 낸 것도 전쟁이 아닌 전염병이었죠. 눈에 보이지 않는 조그만 세균과 바이러스가 수많은 목숨을 빼앗았고, 새로운 역사의 물고를 틀기도 했습니다.

## 아테네의 몰락을 가져온 괴질

"눈이 붉게 충혈된 젊은이들이 심한 고열과 두통을 호소했다. 거리엔 하나둘씩 시체들이 쌓였고 겁에 질린 시민들은 신전으로 몰렸다."

전염병에 관한 가장 오래된 기록을 꼽으라면 그것은 기원전 5세기경, 그리스의 역사가 투키디데스[56]가 쓴 『펠로폰네소스 전쟁사』입니다. 투키디데스는 BC431년 아테네를 엄습한 괴질(怪疾)로 아테네 병력의 3분의 1 이상이 죽었다고 기록했습니다. 그러면서 아테네 패망의 원인 중 하나로 전염병을 지목했죠. 페르시아 전쟁의 승리로 번영을 구가했던 아테네는 원인을 알 수 없는 전염병이 퍼지면서 전력이 약화됐고, 결국엔 스파르타와의 전쟁에 패하면서 멸망합니다.

---

[56] 아테네 귀족 출신의 역사가였던 투키디데스는 사실과 사료에 입각한 역사 연구를 강조했다. 아테네와 펠로폰네소스 동맹국 사이의 전쟁을 연구한 『펠로폰네소스 전쟁사』 역시 그러한 역사관에 입각하여 집필됐으며, 훗날 실증주의적 역사관과 근대 정치학에 많은 영향을 끼쳤다.

아테네 괴질 이후에 또다시 비중 있게 기록된 전염병 사례
는 고대 로마에 퍼졌던 '안토니우스 역병'입니다. 국경 안쪽에서
발병했던 '아테네 괴질'과 달리, 동쪽의 파르티아와 전쟁 후 로마
로 돌아온 병사들이 전파자로 추정되죠. 165년부터 180년까지,
이 병으로 인해 수백만 명의 로마 시민이 죽었고 황제인 마르쿠스
아우렐리우스 안토니우스121~180의 목숨까지 앗아갔습니다.

제러드 다이아몬드는 저서 『총·균·쇠』에서 "당시 로마는
유럽과 아시아를 잇는 세계 교역의 중심지였다"며 "문명의 발달
이 거대한 세균 번식장 역할을 했다"고 설명합니다. 유발 하라리
도 저서 『호모 데우스』에서 "밀려드는 상인과 공직자, 순례자로 붐
비던 고대 도시는 인류 문명의 산실인 동시에 병원균의 이상적 번
식처였다"고 말하죠.

중세로 넘어오면서 도시가 커지고 교역이 활발해지자 전염병의 파괴력도 강해졌습니다. 중세 유럽을 뒤흔들었던 흑사병(페스트)[57]은 1346~1352년 7500만 명 이상의 목숨을 앗아갔습니다. 당시 유라시아 인구의 4분의 1이 넘었죠. 의학 기술이 진일보한 1918년에도 스페인 독감으로 2500만 명 이상의 사망자가 나왔습니다. 1차 세계 대전(1914~1918)에 사망한 군인(약 1000만 명)보다 훨씬 많았죠.

이처럼 전염병은 인류에게 예나 지금이나 가장 큰 위협 요인입니다. 2017년 세계안보정상회의에서 마이크로소프트의 창

---

[57] 쥐에 기생하는 벼룩에게 물려 발생하는 병으로, 인류 역사상 가장 많은 사망자를 낸 전염병이다. 흑사병이 창궐하던 시기는 의학 수준이 낮았기 때문에, 무작정 피를 뽑거나 달군 쇠로 상처를 찌르는 엉터리 치료가 많았다. 게다가 페스트가 신이 내린 벌이라고 믿은 사람들이 단체로 고행길에 오르거나 성당에 몰려드는 바람에 더 큰 희생자를 낼 수밖에 없었다. 결국 유럽 인구의 약 1/3이 사망했고, 인구 감소에 따른 부의 재분배와 노동력 시장의 변화는 르네상스 시대를 여는 단초가 되었다.

업자 빌 게이츠는 "바이러스는 핵무기보다 쉽게 많은 사람을 살상할 수 있다"며 "전쟁에 대비하듯 미리 준비하지 않으면 가까운 미래에 팬데믹pandemic(대유행)으로 수천만 명의 생명이 죽을 수 있다"고 경고했습니다. 실제로 지난 역사를 살펴보면 세균과 바이러스로 무너진 문명이 많았죠.

**과거의 전염병 사례**

| BC 1600년경 | 천연두 | 이집트 미라의 얼굴에서<br>마마(媽媽) 자국 발견 |
|---|---|---|
| BC 431년 | 홍역·천연두(추정) | 아테네 괴질로<br>병력의 3분의 1 사망 |
| 1346년 | 흑사병(페스트) | 유럽 전역에서<br>7500만 명 이상 사망 |
| 1918년 | 스페인 독감 | 전 세계에서<br>2500만 명 이상 사망 |
| 1957년 | 아시아 독감 | 미국에서만 7만 명,<br>전 세계 100만 명 사망 |
| 2009년 | 신종 플루 | 191개국 31만8000명 감염<br>(사망자 3917명) |

〈자료: 세계보건기구·『총·균·쇠』〉

### 잉카·아즈텍을 무너뜨린 천연두

1529년, 스페인 군대의 침략으로 멸망한 아즈텍은 전쟁보다 천연두로 죽은 이들이 더 많았습니다. 2000만 명에 달했던 아

즈텍 인구가 1618년 160만 명으로 급감했죠. 1531년 168명에 불과한 프란시스코 피사로1475~1541의 군대가 잉카 제국의 8만 군대를 무너뜨린 것도 천연두 때문이었습니다. 유럽인들이 원주민에게 옮긴 천연두가 총보다 더 무서운 무기가 됐던 것이죠.

2020년 전 세계를 공포로 몰아넣은 신종 코로나 바이러스 감염증도 마찬가지입니다. 특히 팬데믹으로 발전한 코로나19는 짧은 시간에 전 세계로 퍼져나갔고 많은 시민들을 불안에 떨게 했습니다. 제아무리 과학 기술이 발전했어도 전염병을 완전히 차단하는 것은 불가능합니다. 아이러니하게도 전염병은 문명의 발달이 가져온 인류의 가장 큰 비극입니다. 문명의 발상인 농경 생활이 전염병의 시초였기 때문이죠.

수렵·채집 생활을 했던 초기 인류는 당장 먹을 만큼만 사냥했습니다. 음식을 저장하지 않았고 잘 곳을 계속 옮겨 다녀 배설물에 오염될 가능성도 낮았죠. 그러나 가축과 함께 한 곳에 머무르게 된 인간은 면역이 없는 항원에 노출되는 경우가 많아졌습니다. 또 농경 사회 집단의 규모는 세균과 바이러스가 증식하기에 좋은 배양판 역할을 했죠.

다이아몬드는 『총·균·쇠』에서 "인구가 밀집되고 숙주가 많을수록 세균과 바이러스가 창궐하기 쉽다"며 "대중 감염병은 1만 년 전 농경 시대에 시작됐고 최초의 전파자는 가축이었다"고 말합니다. 그러면서 "수렵 인류는 오염 지역을 떠나면 그만이지만 농경 인류는 배설물 등 각종 오물에 뒤엉켜 살았다"고 설명합니다.

『총·균·쇠』는 인류 역사를 뒤바꾼 세 가지 요인 중 하나로 세균·바이러스를 꼽습니다. 이들이 증식하는 방식은 크게 네 가지입니다. 첫째는 살모넬라균처럼 감염된 육류를 먹고 전염되는 경우입니다. 둘째는 곤충이 매개가 돼 인간을 물어서 전염시키는 방식이죠. 모기(말라리아)와 벼룩(페스트)이 대표적입니다. 셋째는 상처 부위의 진물 등을 통해 옮는 경우입니다. 18세기 미국의 일부 백인들은 원주민을 죽이기 위해 천연두 환자가 쓰던 담요를 선물했죠. 넷째는 숙주의 이상 반응을 유도하는 것입니다. 재채기(인플루엔자)나 설사(콜레라)로 다른 숙주에 세균이나 바이러스를 퍼뜨리는 것이죠.

인류 역사에는 그동안 수많은 세균과 바이러스가 등장했습니다. 근대에 이르러 이들을 정복하기 시작했지만 '신종 코로나

바이러스 감염증(코로나19)'을 일으킨 것처럼 변종의 새로운 바이러스가 나와 인간을 위협합니다. 다이아몬드는 "영리한 바이러스는 인간의 면역 체계에 굴복하지 않고 스스로의 분자 구조를 변화시켜 생존한다"며 "세균·바이러스 입장에선 진화의 한 방식"이라고 말합니다.

생존과 번식은 모든 생명체의 본능입니다. 세균·바이러스도 마찬가지죠. 이런 자연 현상까지 인간이 막을 수는 없습니다. 그러나 전염병이 커지고 확산되는 것은 분명한 사회 현상입니다. 농경 생활이 전염병을 처음 만들어냈듯, 인간 문명의 발달이 더 큰 전염병을 불러온다는 뜻이죠.

병을 전염시킨다는 점에서 세균과 바이러스는 같지만, 사실 둘은 매우 다른 존재입니다. 바이러스는 세균보다 훨씬 작습니

다. 평균 크기가 100나노미터(nm · 10억분의 1미터)로 극초미세먼지의 10분의 1에 불과하죠. 바이러스는 생물과 무생물의 특징을 모두 갖고 있습니다. 증식하고 진화하지만 물질 대사를 하지 않죠. 바이러스는 세포를 뚫고 들어가 증식하므로 치료제를 만들기 어렵습니다. 그 때문에 백신을 개발해 항체를 생성하는(면역력을 높이는) 방식이 주로 쓰입니다. 메르스부터 신종 플루, 코로나19 등을 다루기가 까다로운 것은 이들이 변종이 많고 곧바로 항체를 만들기 어려운 바이러스이기 때문입니다.

## 어쩌면 일상이 될 팬데믹

2011년에 개봉된 영화 『컨테이전』은 팬데믹의 위험성을 적나라하게 보여줍니다. 스티븐 소더버그가 연출한 이 작품의 초반, 홍콩 출장을 다녀온 미국인 여성 베스(기네스 펠트로)는 며칠을 끙끙 앓다 발작을 일으키고 응급실로 옮긴 지 얼마 안 돼 사망합니다. 곧이어 아들까지 잃게 된 남편 토마스(맷 데이먼)는 마지막 남은 가족인 딸을 지키기 위해 어떤 희생도 감수합니다.

며칠 후 아내와 비슷한 증상을 보였던 사망자들의 소식이 전 세계에서 들려오기 시작합니다. 그 사이 온갖 소문들이 무성하게 퍼지면서 사람들은 아노미 상태에 빠져들죠. 생화학무기를 개발하던 연구소에서 바이러스가 유출됐다거나 기업들이 백신을 미리 개발해놓고도 큰돈을 벌기 위해 은폐하고 있다는 식의 가짜 뉴스가 퍼집니다. 이에 정부는 부랴부랴 역학조사팀을 꾸려서 병의 원인을 찾아 나섭니다.

환자들의 감염 경로를 추적한 끝에 최초의 감염자가 홍콩의 한 식당 주방장이었다는 사실을 알게 됩니다. 야생 박쥐의 변을 먹고 자란 돼지를 요리사가 맨손으로 다루면서 전염이 시작된 것이었죠. 이번 코로나19의 감염원은 아직 정확히 밝혀지지 않았지만, 박쥐일 가능성에 큰 무게를 두고 있습니다. 이 영화는 아주 사소한 사건 하나가 어떻게 전 인류를 위협에 빠뜨리는지 잘 보여줍니다.

영화의 메시지는 이렇습니다. 첫 번째는 마치 지구를 정복

한 것처럼 착각하는 인류가 눈에 보이지도 낳는 작은 바이러스 하나에도 여지없이 무너질 수 있다는 점입니다. 두 번째는 앞서 설명한 것처럼 인구 밀도가 높은 대도시, 그리고 교통이 발달한 곳일수록 대전염병에 취약하다는 것이죠. 2002년 말 중국 광둥성에서 발생한 사스가 전 세계로 퍼지기 시작한 것도 홍콩에서 감염자가 나온 뒤였습니다.

현대 사회는 팬데믹의 위험성이 훨씬 큽니다. 반대로 과거에는 병균의 전파 속도가 느렸습니다. 기껏해야 도보나 말을 통해 이동하는 것이 전부였기 때문이죠. 그러나 지금은 비행기를 타고 하루 이틀이면 전 세계에 전파됩니다. 과거와 비교할 수 없이 인구가 밀집한 대도시들이 많아졌고요. 이번 신종 코로나 바이러스가 발병한 우한도 인구 1000만에 교통의 요지였죠.

## 숙주를 죽인 에볼라

사실 치명적인 바이러스인 에볼라는 사스와 신종플루(2009
년)처럼 전 세계적인 팬데믹이 되진 않았습니다. 1976년 처음 에
볼라가 발견된 콩고가 홍콩처럼 교통이 발달한 곳이 아니기 때문
입니다. 인체를 매개로 전염되는 에볼라 바이러스는 아마존 다음
으로 세계에서 두 번째로 큰 밀림인 콩고 분지(362만km²)를 넘지
못했습니다. 일주일 안에 치사율이 최대 90%라는 점도 확산이 더
딘 이유였습니다. 리 골드먼 미국 컬럼비아대 병원장은 저서 『진
화의 배신』에서 "숙주가 죽으면 바이러스도 소멸하기 때문에 치
명적인 바이러스는 오히려 전염이 어렵다"고 말합니다.

팬데믹은 광범위한 전염도 문제지만 감염 우려에 따른 불
안과 공포가 더 큰 문제입니다. 여기에 가짜 뉴스까지 더해지면
사회적 아노미로 치닫습니다. 사재기가 벌어지고 정부에 대한 불
신도 커져 대혼란이 발생합니다. 치사율까지 높다면 아노미는 더
욱 심해지겠죠. 미국의 의학 저널리스트 소니아 샤는 저서 『팬데
믹: 바이러스의 위협』에서 "지난 50년 간 300종 이상의 감염병
이 예전에 한 번도 등장한 적 없는 지역에서 새롭게 출현했고 다
음 두 세대 안에 인류에 치명적인 팬데믹 바이러스가 나올 것"이
라고 예측합니다.

그중 하나가 빙하에 갇혀있는 고대 바이러스입니다. 영국
의 과학 기술 전문 매체 'Phys.org'는 2015년 8월 시베리아의 영
구 동토층에서 발견된 '몰리바이러스 시베리쿰'을 집중 보도했습

니다. 3만 년 전의 바이러스로, 화석이 아닌 살아있는 형태여서 큰 화제가 됐죠. 이를 발견한 프랑스 국립과학센터의 장 미셸 클라베리 박사는 "바이러스가 완벽한 냉동 상태로 보존돼 있었다"고 밝혔습니다.

아직까지는 고대 바이러스가 현 인류에게 감염력이 있는지, 치명적 위험이 있는지 규명되지 않았습니다. 그러나 3만 년의 시간을 점프한 바이러스가 인간에게 전염력을 보인다면 종말에 가까운 재난이 펼쳐질 수 있습니다. 인체는 면역이 없는 항원에 취약하기 때문입니다. 천연두 바이러스에 몰살된 아즈텍과 잉카 문명처럼 말이죠.

인간은 생태계에서 유일하게 천적이 없는 종입니다. 기원전 1억 명에 불과했던 인류는 3년 후면 80억 명을 돌파합니다. 자연은 늘 생태계의 위협이 되는 종에겐 천적을 만들어 균형을 맞취왔죠. 우리가 팬데믹에 대비해야 할 것이 비단 백신뿐일까요?

## 바이러스의 계급화

바이러스는 빈부의 차이 없이 누구에게나 평등하지만 전염병은 계급적 성격을 띱니다. 2013년 3월 영국 런던의 지하철 공사장에서 발견된 14세기 흑사병 사망 유골(25구)의 대부분은 빈곤층이었죠. 뼛속의 스트론튬sr 동위원소 비율을 조사해보니 대부분 영양실조 상태였고 다수에게서 육체노동으로 혹사당한 척추 부상 흔적이 발견됐습니다.

실제로 1346~1352년 유럽에선 7500만 명이 넘는 사람들이 흑사병으로 죽었는데 다수가 하층민이었죠. 프랭크 펠딩거가 쓴 『Slight Epidemic』에 따르면 14세기 영국의 흑사병 사망률은 50%였고 부자들의 경우엔 그 절반(25%)에 불과했습니다. 이로 인해 농노의 숫자가 크게 줄면서 봉건제가 무너지고 중세가 막을 내렸고요.

현대 사회도 영양 상태가 고르지 못한 빈곤층과 충분히 휴식을 취할 수 없는 노동자들은 전염병에 취약합니다. 특히 팬데믹으로 국가적 위기를 겪고 있는 대부분의 나라도 계층에 따라 사회적 재난을 경험하는 현실이 다르죠. 피부로 체감하는 위기의 경중이 '천양지차(天壤之差)'란 이야기입니다.

코로나19 초기 당시의 기억을 떠올려 볼까요. 처음 마스크 공급량이 부족해 마스크 대란이 일어난 적이 있습니다. 새벽부터 마트와 약국 앞에 늘어선 수백 명의 시민들은 일상에서 마스크가 꼭 필요한 사람들이었습니다. 대중교통으로 출퇴근하고 장보기 위해 시장에 가려면, '사회적 거리두기'만으론 한계가 있었죠. 당시엔 마스크를 사기 위해 줄을 서있다가 감염될지도 모르는 걱정이 앞서기도 했습니다.

그러나 의사 결정을 내리는 사람들의 상당수는 평범한 시민의 삶을 이해하지 못하고 '줄 설' 필요 없는 정치인과 고위 관료입니다. 그렇다 보니 현실과 동떨어진 정책 결정을 내릴 때가 있었죠. 전염병과 같은 아노미 상황이 벌어지면 계층에 따라 겪는 혼란과 위기의 강도가 다를 수밖에 없습니다. 자원(마스크)이 희소할수록 계급 갈등은 더욱 커지는 것이죠.

'고용 양극화'의 문제도 있었습니다. 언론에 보도되는 안전한 재택근무 사례는 일부 대기업에 종사하는 화이트칼라의 이야기일 뿐이죠. 고용 시장 전체로 놓고 보면 10%도 안 됩니다. 반면 중소·하청 기업의 파견직과 비정규직은 오히려 매출 감소로 일자리에서 내쫓길 위험에 처했죠. '사회적 거리두기'의 직격탄을 맞은 식당 등 아르바이트는 더욱 심각했고요.

실제로 학교가 문을 열지 않았던 당시에 조리원 등 학교 비정규직 노동자들은 "코로나19보다 무급 기간이 더 무섭다"며 대책을 요구했습니다. 이들은 "코로나19 확산으로 개학일이 늦춰지면서 정규직은 자율 연수와 재택근무를 하지만, 비정규직은 '방학의 연장'이니 출근하지 말라고 한다"며 "교사들에겐 방학이 끝났으니 출근이라 하고 비정규직은 방학이니 나오지 말라는 것은 차별"이라고 지적했죠. 울산의 한 공장에서는 같은 공간에 일하는 정규직에게만 마스크를 지급하고, 파견 노동자들에겐 지급하지 않아 논란이 되기도 했고요.

교육도 양극화입니다. 상류층 자녀들은 개인 과외 등으로 학업 결손 없이 교육을 받지만, 서민층과 맞벌이는 교육은커녕 돌봄조차 어렵죠. 이처럼 바이러스가 만들어낸 계층적 풍경은 우리 사회가 과거의 계급 사회와 크게 달라지지 않았다는 것을 보여줍니다. 땅을 가진 지주와 소작농, 자본을 가진 자산가와 노동자 간의 양극화는 여전히 계속되고 있습니다.

특히 최근에는 부모의 사회 경제적 지위가 자녀에게 세습되는 정도가 더욱 심해지고 있습니다. 상위 1% 부자와 하층민 사이의 불평등 문제가 아니라 좋은 교육을 받고 안정된 일자리를 가진 상위 20%의 중산층과 그렇지 못한 이들 사이의 불평등이 더욱 커지고 있습니다. 팬데믹 상황을 통해 우리는 바이러스의 계급적 성격을 충분히 목격했습니다. 불평등과 양극화는 전염병이 일상화될지도 모르는 미래에 더욱 큰 갈등 요인이 될 수 있습니다. 사회 안전망 차원에서도 우리는 전염병의 계급적 성격을 간과해선 안 됩니다.

## 읽을거리 ◆ K방역의 진실

2020년 코로나19 대응 상황에서 한국은 세계의 모범이 됐고, 정부는 외신을 인용해 K방역의 성공을 대대적으로 알렸습니다. 그러나 그 성공의 원인이 무엇인지는 정확히 짚어볼 필요가 있습니다.

2020년 3월 13일 정부는 코로나19와 관련한 외신 기자들의 질의응답 내용을 4분짜리 영상으로 편집해 트위터에 올렸습니다. 대부분 정부를 칭찬하는 내용이었죠. 이를 본 블룸버그 기자는 "그들(한국 정부)의 생각에 맞추기 위해 얼마나 많은 '외신 기자'들이 잘려나갔는지cropped out 궁금하다"고 지적했습니다.

물론 전 세계가 팬데믹으로 혼란을 겪던 상황에서 한국이 모범 사례인 것만은 분명합니다. 위험을 무릅쓰고 현장에 달려간 의료진과 사회적 거리두기로 일상의 불편을 감수한 성숙한 시민은 칭송받아야 마땅하죠. 실제로 외신들은 하루 1만5000건에 달하는 전문가들의 진단 역량, 드라이브스루와 같은 혁신적 아이디어와 민간 기술을 높게 평가했습니다.

그러나 외신 보도가 칭찬 일색만 있던 것은 아닙니다. 3월 13일 미국의 『타임』지는 방역의 우수 사례로 대만·싱가포르·홍콩을 제시하면서, 한국은 확산세를 늦추긴 했지만 초기 대응 실패와 감염 폭발로 정치적 반발에 직면했다고 평가했죠. 같은 달 『뉴요커』(4일) 역시 '한국은 어떻게 코로나 바이러스의 통제력을 상실했는가'란 기획 기사를 썼습니다. 『뉴욕타임스』도 대통령의 "머지않아 종식" 발언에 대해 "대가가 큰 실수"(2월28일)라고 지적했고요.

한국의 방역이 성공적이었던 것은 맞지만, 서구와 직접 비교를 하는 것은 문제가 있습니다. 왜냐하면 K방역은 애초에 서구의 모델이 될 수 없었기 때문입니다. 진중권 씨는 "애초에 한국의 성공을 서구와 비교한 것이 문제다. K방역의 성과는 조건이 유사한 아시아 국가들과의 비교 속에서 평가됐어야 한다"고 말합니다.

그는 또 "사생활을 생명처럼 중시하는 서구에선 한국식 모델이 애초부터 불가능했다"고 밝혔죠.[58]

실제로 독일의 『슈피겔』지는 K방역은 개인정보보호법이 강한 유럽에선 도입할 수 없는 것이라고 논평하기도 했습니다.

사실 서유럽과 미국에서 K방역의 핵심인 개인정보 수집 및 공개 등의 행위는 불가능에 가깝습니다. 혹자는 이 같은 이유로 한국의 감염병예방법을 미국의 테러방지법에 비유하기도 합니다. 만일 서구 사회도 한국과 같은 수준으로 국가가 개인의 사생활을 관리할 수 있었다면 코로나19 예방에 더욱 성공적이었을 것입니다.

이는 전염병에 대처하는 것이 단순히 기술력과 시민 의식만으로 결정되는 것이 아니라는 점을 보여줍니다. 그 나라의 문화와 제도 등 복합적 요인이 작용해 전염병을 키우기도 하고 줄이기도 합니다. 물론 전염병 상황에서는 한국을 비롯한 동아시아 국가들처럼 국가주의 성향이 강한 나라들이 효과적으로 대응할 수 있었지만, 개인의 자유와 권리라는 측면에선 꼭 옳은 것만은 아닐 것입니다. 개인에 대한 국가의 통제와 관리는 동전의 양면처럼 두 얼굴을 지니고 있기 때문입니다.

---

[58]  진중권, 〈진중권의 돌직구 K방역의 국뽕〉, 경향신문, 2020. 6. 29.

인간의
뇌를

업로드한
컴퓨터는
사람일까

영화『트랜센던스』에서, 천재 과학자 윌(조니 뎁)은 인류가 수만 년에 걸쳐 이룩한 지적 능력을 뛰어넘어 자의식까지 갖춘 슈퍼컴퓨터를 개발합니다. 그러나 기술 발전으로 인류가 멸망할 것이라고 믿는 테러 단체의 공격을 받아 뇌사 상태에 빠지게 되죠.

절망에 빠진 윌의 연인 에블린(레베카 홀)은 실험용 원숭이의 뇌를 스캔해 컴퓨터에 업로드했던 사실을 떠올립니다. 윌을 잊을 수 없던 그녀는 연인의 뇌를 컴퓨터에 업로드하죠. 윌의 의식이 컴퓨터를 통해 부활한 것입니다.

에블린이 윌의 뇌를 스캔해서 업로드한 컴퓨터는 육체만 없을 뿐 생전의 윌과 똑같은 기억과 감정, 성향을 갖고 있습니다. 그렇다면 여기서 윌은 인간일까요, 컴퓨터일까요? 비록 육체는 없어도 정신이 있으니 사람이 맞는 건가요?

## 영혼이란 무엇인가

테슬라·스페이스엑스의 설립자인 일론 머스크는 『트랜센던스』를 현실화 할 수 있는 기술을 연구하고 있습니다. 인간과 컴퓨터를 결합한 '뉴럴 레이스Neural Lace' 기술인데요, 실제로 그는 2016년 '뉴럴 링크Neural Link'라는 기업을 만들어 뇌에 컴퓨터 칩을 삽입하는 기술을 연구하고 있습니다. 이 칩은 클라우드 컴퓨터와 연결돼 뇌의 정보를 공유하게 되죠.

만일 '뉴럴 링크'의 프로젝트가 성공한다면 영화는 현실이 될 것입니다. 미래학자 레이 커즈와일도 "2030년이면 인간 두뇌와 AI가 결합한 '하이브리드 사고Hybrid Thinking'가 등장할 것"[59]이라고 전망합니다.

전통적으로 우리는 인간과 인간이 아닌 것을 구분할 때 '정신', '영혼'과 같은 것들을 떠올립니다. 육신은 영혼을 담는 그릇이고 인간의 본질은 고매한 정신에 있다는 설명이죠. 이런 관점에서 본다면 인공 지능과 인간을 가르는 가장 큰 차이점은 정신, 또는 영혼입니다. 세계의 많은 종교에서 신체보다 정신을 더 중요하게 생각하죠.

그렇다면 과학에서는 영혼과 정신을 어떻게 정의할까요. 우리가 보통 생각하는 것처럼 정말 형이상학적인 무언가가 있는 걸까요. 만일 앞서 설명한 뉴럴 레이스 기술이 상용화돼 어떤 사람의 칩을 다른 육체에 심을 수 있다면 그 사람의 정체성은 무엇

---

[59]  레이 커즈와일, 『특이점이 온다』

인가요.

넷플릭스 드라마 「얼터드 카본」에는 '므두셀라'[60]로 불리는 부자들이 가난하지만 젊고 건강한 육체를 사 자신의 침을 옮기는 방식으로 영생을 누립니다. 생명 공학이 발전해 나와 똑같은 복제 인간을 만들 수 있다면 어느 것이 진짜 '나'라고 할 수 있을까요.

흔히 말하는 영혼과 정신 등의 본질은 '생각'이란 단어로 통일할 수 있습니다. '나는 생각한다, 그러므로 존재한다'는 데카르트의 방법적 회의처럼, 인간의 모든 것을 부정해도 마지막에 남아있는 부정할 수 없는 사실 두 가지는 '생각'과, 그 생각의 주체인 '나'입니다. 결국 생각이 인간 본질의 가장 심연에 있다고 볼 수 있죠. 영혼과 정신도 용례에 따라 다른 느낌으로 사용되긴 하지만, 결국은 생각에서 파생된 것들입니다.

그렇다면 우리는 생각이 무엇인지, 그 본질을 먼저 탐구해 볼 필요가 있습니다. 영화 『트랜센던스』의 예시처럼, 인간의 생각과 이에 대비되는 기계의 생각이 어떻게 같고 다른지 비교하기 위해서는, 생각이라는 현상이 뇌에서 어떻게 일어나는지 알아야겠죠. 이를 위해 우선 생각의 작용이 일어나는 뇌의 구조와 원리부터 살펴보겠습니다.

---

[60] 『성경』에 나오는 가장 오래 산 인간(969년)인 므두셀라는 이 작품에서 상위 0.001%의 상류층을 부르는 말로 쓰인다. 이들은 부와 권력, 명예를 모두 쥐고 있고 죽지 않는다.

## 파충류의 뇌, 포유류의 뇌, 인간의 뇌

진화 초기 단계의 생물에겐 뇌가 필요 없었습니다. 세포의 종류와 형태가 복잡해지고 다양해지면서 고등 생명체가 나타났고, 이 생명체는 각 세포 간의 원활한 소통을 하기 위해 여러 화학 신호를 보내기 시작했습니다. 커뮤니케이션이 다양해지면서 어떤 세포는 메시지 전달을 전담하는 역할을 맡게 됐습니다. 이들이 바로 신경 세포, 즉 뉴런이죠.

뉴런은 어느 한 부분에 있지 않고 신체의 거의 모든 곳에 퍼져 있습니다. 해파리처럼 근육과 뼈가 없이 뉴런과 같은 신경 체계로만 사는 동물도 있죠. 하지만 대부분의 동물은 뉴런이 발달해 있고, 외부 감각을 받아들이는 핵심 기관인 눈과 입, 코 등의 주변에 뉴런이 몰려있습니다. 이들이 훗날 진화해 뇌가 됐죠.

인간의 뇌는 약 800~1000억 개의 뉴런으로 이뤄져 있습니다. 수천조 개의 시냅스라 불리는 신경 연결망을 통해 뉴런 간에 신호를 주고받습니다. 즉, 뇌에서는 어느 한순간도 쉬지 않고 이런 화학적 신호들이 오가는 것이죠. 특히 사람에게는 성상 세포란 것이 있어서 이것이 고차원적 신호를 담당하는 것으로 알려져 있습니다. 이런 모든 신호가 조합돼 전체를 이룬 것이 바로 생각입니다. 외부 감각에 대한 느낌, 과거에 대한 기억, 어떤 현상에 대한 감정 등이 모두 생각의 틀 안에 있죠.

우리의 뇌는 크게 세 부분으로 나뉩니다. 파충류의 뇌로 불리는 후뇌, 포유류의 뇌로 불리는 중뇌, 영장류의 뇌로 불리는 대

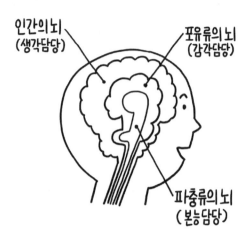

인간의뇌
(생각담당)

포유류의뇌
(감각담당)

파충류의뇌
(본능담당)

뇌입니다. 후뇌는 본능과 연결되는데요, 심장이 뛰거나 호흡하는 것처럼 생존과 직결된 영역을 담당합니다. 또 죽음과 같은 위협을 감지하고 반응하는 것도 후뇌의 역할이죠. 인류가 포유류로 진화하기 전부터 존재한 가장 오래된 뇌입니다.

중뇌는 뇌의 중앙에 위치하는데 주로 감각 정보를 인지합니다. 눈과 귀, 입, 손 등을 통해 전해지는 오감을 인지하고 여기에 적절한 행동(근육, 뼈의 움직임 등)을 조절하죠. 생존 또는 사냥을 위해 시각, 후각, 청각이 발달해야 했던 포유류는 중뇌가 발달돼 있었습니다. 실제로 진화 초기의 포유류는 후각을 담당하는 뇌의 부분이 상대적으로 컸다고 합니다.

뇌의 가장 바깥쪽을 차지하면서 크기도 가장 큰 대뇌는 생각하는 뇌입니다. 좌뇌와 우뇌로 나뉘는데요, 보통 좌뇌는 논리적 사고를, 우뇌는 공감각과 감성 등을 담당하는 것으로 알려져 있습니다. 특히 대뇌 중 앞쪽에 위치한 부분을 전두엽이라고 하는

데, 여기선 주로 언어와 사회성 등을 관장합니다. 앞서 이야기한 것처럼, 네안데르탈인과 호모 사피엔스의 가장 큰 차이점은 전두엽에 있었죠.

그렇다면 우리는 어떻게 생각을 하는 걸까요. 과거에 대한 기억, 어떤 사람에 대한 감정 등은 무슨 원리로 저장될까요. 한마디로 말하자면, 인간의 기억과 감정은 뉴런 하나하나에 저장되는 것이 아니라 뉴런들이 주고받는 패턴 속에 저장됩니다. 휴대폰 잠금을 풀 때 점 하나하나가 중요한 게 아니라 각 점을 잇는 패턴이 중요하듯 말이죠. 그러므로 각각의 기억과 감정은 손가락의 지문처럼 고유의 패턴을 갖고 있습니다. 이 패턴이 생각의 본질입니다.

## 인공 지능의 아버지 앨런 튜링

영화 『이미테이션 게임』의 실제 주인공인 앨런 튜링은 인공 지능을 최초로 학문적 영역에서 다룬 사람입니다. 원래 그는 암호학에 능한 수학자였죠. 실제로 2차 세계 대전 당시 그 누구도 풀 수 없던 나치의 암호 '에니그마'를 풀어 1400만 명의 목숨을 구하기도 했습니다.

전쟁이 끝난 뒤 그는 컴퓨터 연구에 박차를 가했고 1950년 「계산 기계와 지능」이라는 획기적인 논문을 세상에 내놓습니다. 여기서 등장한 것이 그 유명한 '튜링 테스트'입니다. 그의 주장을 요약하면, 인간을 흉내 낼 수 있는 컴퓨터가 '흉내 게임'을 통과

하면 그 컴퓨터는 생각하는 능력을 갖고 있다는 것입니다.[61]

'흉내 게임'에는 남자, 여자, 질문자 3명이 참가하는데, 방식은 매우 간단합니다. 각각 분리된 공간에 있는 남자와 여자에게 질문자가 말을 건 뒤, 답변을 듣는 과정에서 누가 남자이고 여자인지 밝혀내는 것입니다. 그런데 이 분리된 공간에 인간인 척하는 기계가 있다면 어떨까요.

---

[61] 인공 지능을 다룬 많은 영화들이 '튜링 테스트'를 모태로 한다. 영화 『엑스 마키나』는 여성의 성별을 가진 인공 지능 휴머노이드가 남자 주인공을 깜빡 속이고 연구소를 탈출하는 내용이다. 영화 『her』도 시스템 상에만 존재하는 매력적인 목소리의 인공 지능과 주인공 남성이 사랑에 빠지는 이야기다. 이 남자는 인공 지능 사만다(스칼렛 요한슨 역)의 매력을 자신과 대화가 잘 통하기 때문이라고 생각했다.

기계 입장에서 최선의 전략은 최대한 인간처럼, 또는 남성이나 여성처럼 그럴 듯하게 보이려고 노력하는 것이죠. 예를 들어 매우 어려운 산식을 문제로 내면, 원래 자신의 능력대로 너무 빨리 답변해선 안 됩니다. 그럴 경우 기계라고 들통 날 것이기 때문이죠. 또 "당신은 기계인가"라는 질문에 "당연히 아니다"와 같은 거짓말도 할 수 있습니다.

그의 논문은 '기계가 생각할 수 있을까'란 첫 문장으로 시작합니다. 그리고 튜링은 자신이 처음 제기한 질문 '기계가 생각할 수 있을까'를 '흉내 게임을 잘할 수 있는 상상 가능한 디지털 컴퓨터가 있을까'로 바꿨습니다. 다시 말해 '기계가 생각할 수 있을까' 하는 다소 모호한 질문을 '컴퓨터가 튜링 테스트를 통과할 수 있는가'라는 구체적인 질문으로 바꾼 것입니다.

이 논문은 '튜링 테스트'를 세상에 내놓은 것 외에도, 결론에서 엄청난 제안을 한 가지 합니다. 바로 '학습하는 기계'입니다. 튜링은 컴퓨터가 인간의 생각을 흉내 내는 과정을 다음과 같이 요약합니다. 첫째, 출생 시 생각의 초기 상태, 둘째, 교육을 통해 발전된 생각, 셋째, (교육이 아닌) 경험을 통해 얻은 생각이 그것입니다.

이때 처음부터 성인 수준의 생각을 할 수 있는 컴퓨터를 만드는 것은 어려운 일이므로 아동 수준의 컴퓨터를 만들어 학습을 시키자고 합니다. 상대적으로 쉬운 아동 기계를 만들어 교육을 실시하면, 나중에 복잡한 사고를 구현할 수 있게 되는 것이죠. 그는 논문 말미에서 "20세기 말이면 세상이 달라져 기계가 생각한다는 말에 사람들의 거부감이 없어질 것"이라고 예측했습니다. 이는 지금 현실이 됐고요.

## 인간의 뇌를 닮은 인공 지능

1950년 앨런 튜링 이후 인공 지능 연구는 한동안 정체돼 있었습니다. 기계의 연산 능력은 빠를지언정 어린아이조차 쉽게 판별 가능한 개와 고양이의 구분조차 제대로 할 수 없었기 때문이죠.[62] 바로 '모라벡Moravec'의 역설입니다. 미국의 로봇 공학자인 한스 모라벡은 1970년대에 "인간에게 쉬운 일이 기계에겐 어렵고, 기계가 쉬운 일은 인간이 잘 못한다"고 말했습니다.

예를 들어 인간에게 걷고 움직이며, 말하고 느끼는 건 아주 쉬운 일이지만 기계에겐 매우 어려운 일입니다. 반면 복잡한 수식을 계산하거나 방대한 데이터를 암기하는 일은 인간이 기계를 따라갈 수 없죠. 체스와 바둑은 기계가 인간을 뛰어 넘었지만 갓난 아이조차 갖고 있는 인간의 감각적인 능력을 기계가 그대로 재현하기는 어렵습니다.

왜 그런 걸까요? 인간이 물건을 식별하고 계산 능력을 갖출 수 있는 건 경험과 그로 인한 학습 때문입니다. 마찬가지로 인공 지능 또한 정보가 입력돼야만 인간과 같은 능력을 발휘할 수

---

[62]　온라인에서 홈페이지 회원 가입 시 자동 입력 방지 문자라는 게 있다. 복잡한 그림 속에서 숫자나 문자를 찾아 쓰도록 한 것이다. 이는 인공 지능이 이미지 인식을 어려워하기 때문이다. 복잡한 그림에서 사과의 개수를 묻거나, 어른과 아이가 뒤섞인 사진에서 아이가 몇 명인지 묻는 것 등도 같은 이유다.

있죠. 결국 인공 지능이 존재하기 위해선 사전에 정보를 미리 입력시켜야 합니다.

정보를 입력하기 위해선 언어를 변환해야 합니다. 즉, 아날로그의 언어를 0과 1의 조합, 디지털 언어로 바꿔야 하죠. 이를 우리는 '정량화'된 기호 체계라고 부릅니다. 인간이 하기 어려운 높은 수의 연산은 기호 체계가 명확하기 때문에 인간에겐 어려워도 컴퓨터에겐 매우 쉽습니다. 그러나 고양이와 개의 사진을 구분하는 것은 정량화하기 어렵죠. 실제로 인공 지능이 이들을 구별하기 시작한 것은 얼마 되지 않았습니다.

이처럼 인공 지능이 지금과 같이 발전한 것은 비교적 최근의 일입니다. 그렇다면 수십 년간 정체돼 있다 갑자기 발전하게 된 이유는 무엇일까요. 핵심 원인은 바로 인공 신경망 기술입니다. 인간의 뇌처럼 신경망을 연결하는 컴퓨터를 만든 것이죠. 튜링이 생각한 '아동 기계'처럼 처음부터 성인 수준의 인공 지능을 만든 게 아니라 스스로 학습하도록 한 것입니다. 즉 인공 지능의 모든 정보를 인간이 일일이 아날로그 언어를 디지털 언어로 변환해 입력하지 않았다는 것입니다. 이를 '머신 러닝'이라고 부르죠.

바둑 인공 지능인 알파고를 예로 들어보죠. 학습에도 몇 가지 종류가 있는데 먼저 '지도 학습'은 사람이 인공 지능에게 정보를 지도(입력)해주는 것입니다. 이세돌 9단과 처음 바둑을 뒀던 알파고는 인간의 기보 16만 건이 입력돼 있습니다. 이를 바탕으로 최적의 수를 조합해 바둑을 뒀죠.

반면 지도 학습과 달리 무수한 정보를 토대로 인공 지능 스스로 답을 찾도록 하는 것을 사람이 '지도'하지 않는다는 뜻에서 '비지도 학습'이라고 부릅니다. 예를 들어 수십만 장의 고양이와 개의 사진을 보여주고 AI가 스스로 둘을 구분해 학습토록 하는 것입니다. 이런 비지도 학습을 현실로 가능케 하는 건 오늘날 무수한 정보들을 한데 모을 수 있는 빅 데이터 기술 때문이고요.

이세돌 9단과 바둑을 뒀던, 알파고보다 진일보한 '알파고 제로'에게는 인간의 기보를 입력하지 않았습니다. 바둑의 룰만 알려주고 72시간 동안 스스로 바둑 연습을 하도록 했죠. 이후 원조 알파고와 바둑을 뒀는데 백전백승을 했습니다. 인간의 기보를 분석해 '+@'한 원조 알파고와 기보 없이 스스로 바둑을 터득한 알파고 제로는 차원이 달랐습니다. 인간에 더욱 가까워진 것이죠.

여기서 한 발 더 나아간 게 '강화 학습'입니다. 특정 상황에서 어떤 행동을 선택하는 것이 가장 최선인지 학습하는 방식이죠. 쉽게

말해 보상과 처벌이 가미된 것이라고 볼 수 있습니다. 일종의 게임처럼 특정 행동을 할 때마다 외부에서 보상이 주어집니다. 여기에는 즉각적 보상과 지연된 보상이 있는데, 전자는 당장 눈앞의 이익을 얻는 것이고 후자는 당장 조금의 손해를 보더라도 나중에 큰 이익을 얻게 되는 것을 뜻합니다. 결국 두 가지 보상을 합해 최종적인 보상이 최댓값을 갖도록 행동하는 것이 강화 학습의 궁극적 목표입니다.

## 존 설의 '중국어 방'

'인공 지능이 생각할 수 있을까'에 대한 가장 잘 알려진 논쟁을 하나 소개합니다. 미국의 철학자 존 설이 주장한 '중국어 방' 논증입니다. 먼저 그는 생각하는 기계는 말이 안 된다고 일축하며,

이런 예시를 듭니다.

하나의 방에 한 명의 사람이 들어있고 밖에서 타이핑된 질문지를 구멍으로 집어넣은 후 답변이 나올 때까지 기다립니다. 이때 질문과 답은 모두 중국어로 이뤄집니다. 다만 그 안에 있는 사람은 중국어를 전혀 할 줄 모릅니다. 그러나 일종의 코드 북, 또는 지침서를 통해 질문에 맞는 답변을 짜 맞춰 결과물을 내놓습니다.

밖에서 보기에 중국어 방에서 나온 결과물은 지능적인 것이라고 볼 수 있습니다. 중국어로 물었는데 중국어로 답변이 나왔으니 '중국어 방' 안의 사람이 중국어를 할 줄 아는구나 하고 생각하기 십상입니다. 그러나 방 안에 있는 사람은 중국어를 전혀 할 줄 모르고, 글자 역시 구불구불한 그림과 패턴으로만 인식할 뿐입니다. 그에게 입출력은 무의미한 기호인 것입니다.

존 설은 중국어 방을 컴퓨터로 가정합니다. 방 안의 사람이 중국어 질문과 답변을 완벽히 완료했다 하더라도 사실은 중국어

를 모르는 것처럼, 중국어로 문답할 수 있는 컴퓨터가 있다고 해서 그것이 중국어를 이해한다고 볼 수는 없다는 뜻입니다. 단지 기호를 조작할 줄 아는 것만으로 언어를 이해하고 생각한다고 보면 안 된다는 이야기입니다.

설의 논증은 일견 타당해 보입니다. 그렇기 때문에 그의 주장은 큰 파장을 일으켰죠. 튜링의 생각에 정면으로 반기를 들면서 많은 사람들이 설득력 있다고 느꼈습니다. 그러나 인공 지능, 또는 뇌를 연구하는 학자들은 그의 중국어 방 논증이 잘못됐다고 평가합니다. 대표적인 사람이 레이 커즈와일과 잭 코플랜드입니다.

## 커즈와일의 반론

커즈와일은 설의 중국어 방 논증에 대해 '동어 반복에 불과하다'[63]고 일축합니다. 그러면서 식물의 광합성을 예로 들죠. 그는 이산화탄소를 받아들이고 산소를 내뿜는 것은 객관적으로 측정이 가능하지만, 각 개체의 주관성을 탐지하는 것은 불가능하다고 말합니다. 다시 말해 생물이 이산화탄소를 배출하는 것은 객관적 측정이 가능하지만, 어떤 개체가 의식이 있는지는 객관적 측정이 불가능하다는 것이죠. 오직 추론적 논증만 가능합니다. 그러므로 설의 중국어 방 논증은 뇌 작동의 원리를 이해하지 못하고, 뇌를 모방한 인공 지능의 본질을 파악하지 못한 거라고 설명합니다.

---

[63] 레이 커즈와일, 『특이점이 온다』

커즈와일에 따르면 생물학적이든 비생물학적이든, 인간 언어를 제대로 이해하지 못하는 개체는 유능한 심문자의 추궁을 당하면 금방 정체가 탄로납니다. 그러므로 사람처럼 대답을 잘할 수 있는 프로그램이라면 인간의 뇌만큼 복잡해야 한다는 것이죠.

중국어 방 전체는 중국어를 이해한다고 볼 수 있지만, 각각의 세부 요소들에 이해력이 담겨있진 않습니다. 어떤 사람이 한국어나 중국어, 영어를 쓴다고 해서, 각각의 뉴런들이 그 언어를 이해하는 것은 아니라는 말이죠. 커즈와일은 "영어에 대한 나의 이해는 신경 전달 물질의 강도나 시냅스의 활약, 뉴런 간의 연결 등이 취하는 광범위한 패턴에 있다"고 말합니다.

그러므로 이런 패턴을 활용한 생각의 방법을 기계에 적용한다면 인간처럼 생각하는 인공 지능을 개발할 수 있다는 이야기입니다. 앞서 살펴본 것처럼 인공 신경망을 사용한 컴퓨터가 대표

내 머릿속 뉴런이 영어를 모른다고 내가 영어를 모른다고 할 수 없다!

← 커즈와일

적인 예죠. 원리를 놓고 보면 뇌 역시 오늘날 컴퓨터와 비슷하게 작동합니다. 다만 아직까지는 인간의 뇌가 컴퓨터보다 훨씬 뛰어나지만 말이죠. 그러나 커즈와일은 2045년쯤에는 인간의 뇌를 뛰어넘은 인공 지능이 나올 것이라고 예측합니다.

## 코플랜드의 반론

철학자이자 논리학자인 잭 코플랜드의 반론 역시 날카롭습니다. 먼저 그는 설의 주장을 구문론과 의미론으로 요약합니다. 그에 따르면 설의 주장은 '구문론의 숙달만으로는 의미론을 익히기 미흡하다'[64]로 압축됩니다.

구문론은 기호 조작을 수행하기 위한 몇 개의 규칙을 완전히 익히는 것이고, 의미론은 기호가 진정 의미하는 바를 이해하는 것입니다. 구문에 대한 지식 자체만으로는 의미에 대한 지식을 이해하지 못한다는 뜻이죠. 그러면서 아랍어에 문장 앞에 'Hal'을 붙이면 의문문이 되고, 문장의 술어 앞에 'laysa'를 붙이면 부정문이 되는 사례를 예로 듭니다. 문장의 뜻을 이해하지 못해도 의문문과 부정문을 만들 수 있는 것처럼 구문론만으로는 의미론을 충족시킬 수 없는 것이죠.

이에 대해 코플랜드는 커즈와일과 마찬가지로 "방에 있는 사람은 중국어를 이해하지 못해도 그 사람이 포함된 전체 시스템

---

[64] 잭 코플랜드, 『계산하는 기계는 생각하는 기계가 될 수 있을까』

은 중국어를 이해한다"고 말합니다. 이는 앞서 말한 커즈와일의 예시, 즉 각각의 뉴런과 시냅스가 중국어를 이해하지 못해도 인간은 중국어를 이해한다는 것과 같죠.

또한 코플랜드는 설의 중국어 방 논증이 전제와 결론이 논리적으로 연결되지 않는다고 지적합니다. 즉, 방 안에 있는 사람이 중국어를 이해하지 못한다는 전제에서 시스템이 중국어를 이해할 수 없다는 결론으로 가는 과정에 아무런 논리적 연결 고리가 없다는 것입니다. 다시 말해, 중국어 방이라는 시스템이 중국어를 이해하지 못하는 것이라면 그 시스템 자체를 살펴보고 분석해야지, 단지 그 안에 든 사람이 중국어를 이해하지 못하므로 그 시스템 전체가 중국어를 모른다고 결론짓는 추론 방식이 틀렸다는 이야기입니다.

이처럼 설의 중국어 방 논증은 처음 나왔을 땐 많은 지지를 받았지만, 훗날 여러 비판을 통해 논리적으로 타당성을 잃게 됩니다. 물론 설이 처음 이 주장을 했던 1980년대에는 지금처럼 인간의 뇌를 본 딴 인공 신경망 컴퓨터가 없었기 때문에 인공 지능에 대한 이해도가 낮아 이런 주장을 한 것일 수도 있습니다.

30여년이 지난 지금은 여러 학자들의 논쟁 끝에 기계도 사람처럼 생각할 수 있다는 결론에 거의 다다른 모습입니다. 아직 현실이 되지 않았을 뿐 언젠가 사람과 똑같이 생각하는 인공 지능이 나올 것이란 데에는 큰 이견이 없습니다. 중요한 것은 그 시기가 언제냐는 것이죠.

### 읽을거리 ◆ 인공 지능과 무의식

프로이트의 꿈 해석 중 조카 장례식에 관한 이야기가 유명합니다. 한 여성이 집안의 장례식에 다녀온 후 계속 조카가 죽는 꿈을 꿨습니다. 불길한 생각에 프로이트와 상담을 하게 됐는데, 그제야 꿈의 정체를 알게 됐죠. 이 여성은 이전 장례식에서 이상형에 가까운 남성을 만났는데, 그를 다시 만날 방법이 없었습니다. 그래서 그를 다시 보고 싶다는 욕구가 무의식에 자리를 잡아 그를 처음 만난 장소, 즉 장례식에 대한 꿈을 계속 꾸게 된 것이었죠.

1923년 그가 쓴 『자아와 무의식』은 학계에 큰 파란을 일으켰습니다. 인간의 정신 작용을 자아$_{ego}$와 초자아$_{superego}$, 무의식$_{id}$으로 구분하고, 인간의 의식은 빙산의 일각에 불과하며, 빙산의 대부분은 수면 아래 무의식에 있다고 주장했기 때문입니다.

자아는 일상적인 인간의 정신 활동을 합니다. 이성적으로 사고하고 판단하며 감정을 표현합니다. 초자아는 이런 자아를 감시하고 평가하는 역할을 하죠. 도덕과 양심을 내포하기도 합니다. 무의식은 본능입니다. 규범적 잣대에 얽매이지 않고 하고 싶은 것을 욕망하는 리비도의 영역이죠. 이드는 즉각적인 쾌락을 추구합니다.

그렇다면 인공 지능에게도 자아와 초자아, 무의식이 존재할까요. 미래 사회를 어둡게 그린 SF 영화를 보면 인간이 로봇에게 지배당하는 설정이 많습니다. 이유가 무엇이 됐든 로봇이 인간을 억압하고 착취하는 것이죠. 과거 노예제 사회에서 인간이 그랬던 것처럼 말이죠.

만약 인공 지능에게도 자아와 초자아의 구분이 있다면, 이런 사회가 오지 않도록 하는 것은 인공 지능의 초자아가 해야 할 일입니다. 그런 가치 규범을 만드는 것은 물론 사람의 역할일 것이고요.

프로이트의 말처럼 인간은 사실 우리 정신 속에서 일어나는 일들 중 상당 부분을 의식하지 못합니다. 특히 뇌의 여러 부분 중 후뇌와 중뇌에서 일어나는 일들은 자아의 인식과는 무관하게 일어나는 활동들이죠. 미래의 인공 지능이 초자아는 발달해 있지 않고 이런 무의식적인 판단과 행동을 많이 하게 된다면 그 미래는 어떻게 흘러갈지 담보하기 어려울 것입니다. 너무 앞선 이야기일 수도 있지만, 과거의 모든 논쟁이 그랬듯 이 또한 언젠가 현실이 될 수 있습니다.

*Chapter*
*12*

진시황이
찾아
헤맨

영생의
열쇠
'텔로미어'

중국 역사에서 진의 시황제만큼 논란이 많은 인물이 또 있을까요? 그는 최초로 중국을 통일해 2000년 중화 세계의 기틀을 다진 황제였지만, 분서갱유와 같은 폭정으로 역사상 가장 난폭한 군주로도 묘사됩니다. 그러나 시황제가 처음부터 폭군 또는 전쟁광은 아니었습니다.

## 천하를 통일한 꼬마 임금 영정

기원전 259년 진나라의 장양왕과 조나라 출신의 조희 사이에서 태어난 그의 이름은 영정이었습니다. 영정이 태어난 곳은 진나라가 아닌 조나라의 수도 한단이었죠. 당시 조나라의 인질로 잡혀있던 진나라 공자 영자초(장양왕)는 대상인인 여불위로부터 조희를 소개받습니다. 원래 조희는 여불위가 데리고 있었던 한단의 유명한 기생이었는데, 영자초는 조희를 아내로 삼고 영정을 낳게 됩니다.

영정은 장양왕이 죽고 13세의 어린 나이에 즉위한 후에, 당시 승상이었던 여불위와 묘한 긴장 관계를 갖습니다. 장양왕이 인질로 잡혀있던 시절부터 그를 도운 여불위는 '일인지상 만인지하'의 자리에 올라 사실상 섭정을 펼칩니다. 영정은 왕이 된 후 10년 동안 늘 여불위의 위협 속에 살며 치열한 생존의 법칙을 몸소 깨우치죠. 심지어 여불위는 기원전 238년 조희의 내연남이었던 노애를 통해 반란을 일으키도록 사주합니다. 이를 성공적으로 진압

한 영정은 기세를 몰아 여불위를 압박하고, 이듬해 스스로 목숨을 끊도록 만듭니다.

이제 강력한 왕권을 거머쥔 영정은 기원전 231년부터 본격적인 정복 전쟁에 나섭니다. 약소국인 한나라를 시작으로 229년 조나라, 225년 위나라, 223년 초나라, 222년 연나라, 221년 제나라를 마지막으로 멸망시키며 천하를 통일합니다. 227년 연나라 사신을 가장한 형가의 암살 시도로 잠시 위기를 맞기도 하지만, 하늘은 영정의 편이었습니다. 이 이야기는 이연걸 주연의 영화『영웅』으로도 제작돼 국내에도 많이 알려져 있죠.[65]

영정은 어린 시절 10년은 여불위와의 싸움에서 살아남기 위해, 이후의 10년은 천하 통일을 위해 늘 전쟁과 싸움 속에 살아온 비극적인 왕이었습니다. 훗날 39세의 나이로 최초로 중국을 통일한 황제의 자리에 올랐지만, 그의 스트레스는 어마어마했다고 볼 수 있죠. 그런 그가 마지막으로 꿈꾼 것은 불로영생이었습니다. 49세로 죽을 때까지 마지막 10년은 정해진 인간의 운명을 거스르며 하늘의 뜻과 맞서 싸웠죠.

그렇다 보니 진시황 주변에는 온갖 요설로 그의 귀를 사로잡는 술사들도 많았습니다. 대표적인 사람이 서복이었죠. 서복

---

[65] 진시황이 왜 전쟁광이 됐는지에 대해서는 해석이 분분하다. 그는 어린 시절부터 적국의 볼모로 붙잡혀 살아야 했고, 고국으로 돌아와서는 자신의 친부일지도 모르는 여불위로부터 생존의 위협을 느껴야 했다. 또 그가 살았던 전국 시대는 전쟁이 늘 끊이지 않는 혼란과 갈등의 시대이기도 했다. 일부 역사학자들은 진시황이 전쟁을 벌인 것은 난세를 수습하고 평화를 얻기 위해선 강력한 군주가 천하를 통일하는 게 유일한 방법이라 생각했기 때문이라고 말한다. 실제 진의 통일로 모든 국가가 하나가 돼 전쟁이 없어진 것은 사실이지만, 사상과 문화까지 통일하려 했던 전체주의적 성향은 더 큰 부작용을 일으켰다.

은 불로초를 구해다 주기로 약속했는데, 자신 또한 불가능하다
는 것을 잘 알고 있었습니다. 도망갈 기회를 엿보던 그는 젊은 남
녀 3000명을 이끌고 동쪽으로 떠납니다. 물론 그는 돌아오지 않
았죠.

　　그의 행방은 설화로 제주도에 남아있습니다. 제주도의 정
방폭포 암석 위에 '서불과지(徐市過之)'라는 글자가 새겨져 있는데,
이는 서복 일행이 다녀갔다는 뜻입니다. 서귀포(西歸浦)라는 지명
이 서복에서 유래했다는 설도 있습니다. 실제로 서귀포시에는 서
복 전시관이 있는데, 당시 서복이 한라산에서 불로초의 약재로 구
한 것은 영지버섯과 시로미, 금광초였다고 합니다. 어쨌거나 서복
이 돌아오기만을 학수고대하던 진시황은 본인이 직접 불로초를
찾아 나서기로 합니다. 천하의 백성들도 살펴볼 겸 대규모 인력을
이끌고 기원전 210년 순유에 나서는데, 오늘날 하북성 평향현 인

근에서 객사하고 맙니다. 파란만장했던 49년의 삶을 마감하게 된 것이죠. 진시황은 죽은 후에도 대규모 병마용이라는 또 다른 미스터리를 남긴 채 역사 속으로 사라졌습니다.

## 하늘이 정한 인간 수명은 120세?

동서고금을 통틀어 최고의 자리에 오른 사람들은 한번쯤 불사를 꿈꿉니다. 손에 쥔 것이 너무 많아 세상에 남겨두고 홀로 떠나는 것이 아쉽기 때문일까요. 아니면 아직 못다 이룬 꿈이 있어 시간이 좀 더 필요한 것일까요. 어떤 이유에서든 오래 살고 싶은 욕망은 인간의 자연스러운 꿈일지 모릅니다. 그 때문에 과학계에서도 생로병사에 대한 연구가 활발하죠.

2016년 미국 앨버트아인슈타인 대학은 『네이처』에 흥미로운 연구 결과를 발표했습니다. 40개 국가의 노인 생존율과 사망률을 분석했는데, 인간 수명이 계속 늘고 있는 것은 맞지만 115세가 마지노선이었다는 것입니다. 110세까지 생존한 사람들은 꽤 있는데, 그 이후는 매우 드물고 특히 115세 이상은 거의 없다는 연구 결과였죠. 의학계의 반박은 많았지만, 실제로 1997년 사망한 프랑스 노인(122세)의 기록이 20년이 훌쩍 지난 지금까지도 깨지지 않고 있습니다.

이 연구가 뜻하는 것은 인간의 수명이 끝없이 늘어나긴 힘들다는 것입니다. 로보캅처럼 인공 신체를 결합하지 않고서는 대

프랑스의 잔 칼망 선수
122세로 세계 신기록을 세우며
결승점을 통과합니다!!

122세

략 120세 전후가 생체학적 인간 수명의 마지노선이라는 이야기
죠. 물론 과학계에서는 150세 이상으로 수명을 획기적으로 늘리
는 연구가 진행되고 있긴 하지만, 아직 이렇다 할 성과를 못 내놓
고 있습니다.

　　『성경』을 비롯한 오래된 문헌을 살펴보면 인간 수명 120
세에 대한 여러 기록을 발견할 수 있습니다. 구약에는 "그가 죽을
때 나이 120세였다. 하지만 그의 눈은 흐리지 않았고 기력도 쇠하
지 않았다"는 구절이 나옵니다. 어느 한 인물의 죽음을 묘사해놓
은 것이죠. 물론 유대인의 종교적 기록인 구약은 일반 역사서와는
달리 해석해야 합니다. 실제 일어난 일이라기보다는 당시 사람들
이 갖고 있던 믿음과 소망을 사실처럼 기록해놓았을 가능성이 크
죠. 그래서 『성경』이 역사서는 아니지만 3000년 전 유대인이 중

시하는 가치와 믿음을 기록한 정신의 역사라는 측면에서 접근해 볼 수 있습니다.

다시 120세를 산 사람의 이야기로 돌아가면, 주인공은 바로 모세입니다. 출생 당시 모세는 유대인 사내아이는 모두 죽이라는 파라오의 명령에 따라 태어나자마자 죽을 뻔합니다. 다행히 목숨을 건진 모세는 나일강에 버려지고 이를 발견한 파라오의 딸이 제 아들처럼 왕궁에서 키웁니다. 성인이 된 모세는 학대받는 유대인을 구하려다 이집트인을 살해하고 도망가는데, 그곳에서 신의 목소리를 듣고 다시 이집트로 돌아오죠. 유대인을 이끌고 이집트 탈출을 시도한 그는 홍해를 가르며 신이 약속한 땅 '가나안'을 향해 나아갑니다. 모세는 가나안 땅을 밟아보지 못하고 눈을 감게 되는데, 그때 그의 나이 120세였습니다.

흥미로운 점은 『성경』에서 모세의 죽음과 관련해 인간의 수명을 정해놓은 구절이 나온다는 것입니다. "그들의 날은 120년이 될 것"이라는 부분이죠. 물론 『성경』에는 더욱 오래 산 사람들의 이야기도 있습니다. 최장수인으로 꼽히는 노아의 할아버지 므두셀라Methuselah는 969년을 살았죠. 심지어 그는 병에 걸려 죽은 게 아니라 대홍수라는 사고를 통해 죽었습니다.

인간이 너무 오래 살면서 탐욕과 부정이 커졌기 때문일까요. 그래서인지 신은 모세를 기점으로 인간의 수명을 120세로 정했다고 전해집니다. 이런 이야기는 『므두셀라의 자식들』(로버트 하인라인), 『므두셀라로 돌아가라』(조지 버너드 쇼) 같은 여러 문학 작품의 소재가 되기도 했습니다.

앞서 앨버트아인슈타인 대학 연구팀의 결과를 뒷받침하듯 120세 인간 수명을 지지하는 생물학자들도 있습니다. 보통의 포유류를 관찰해보면 성장기의 6배까지 산다고 합니다. 즉, 인간이 20세까지 성장한다고 가정하면 수명은 120세가 되는 것이죠.

의학이 발달하지 않은 과거에도 120세까진 아니지만 장수한 사람들은 얼마든지 있습니다. 1694년에 태어난 조선의 왕 영조는 1776년까지 82년을 살았습니다. 그보다 219년 앞선 이탈리아의 미켈란젤로(1475~1564)는 89세까지 생존했죠. 이때만 해도 대부분의 사람들은 마흔이 되기도 전에 죽는 경우가 많았습니다. 중세를 휩쓸었던 흑사병과 같은 대전염병, 일상처럼 벌어지는 전쟁, 굶주림을 통한 영양실조로 인해 평균적인 사람들의 수명은 매우 짧았습니다. 그러나 이런 세 가지 위험만 피할 수 있었다면 과거에도 얼마든지 장수가 가능했죠. 그런 의미에서 본다면, 오늘날

현대인의 기대 수명이 크게 늘어난 것은 의학 기술이 수명을 연장했다기보다 원래 자연이 정한 수명만큼 살게 도와준 것이라고 해석할 수 있습니다.

## 죽음과 영생의 비밀 열쇠

모든 유기체는 탄생과 성장, 노화와 소멸의 과정을 거칩니다. 모든 생명체는 태어남과 동시에 죽음을 향해 가는 존재이죠.[66] 동물은 물론 인간의 몸속에 있는 모든 세포는 일정 시간이 지나면 세포 분열을 멈춥니다. 분열을 멈춘 세포는 노화와 소멸의 단계만 남아있는데, 이를 '헤이플릭 리미트Hayflick Limit'라고 합니다. 분열이 멈췄어도 원래 하던 일을 계속하긴 하지만, 기계도 오래되면 고장 나듯 젊은 세포만큼 제 역할을 하기 힘들죠.

이런 생각에 착안해 미국의 종합 병원인 메이오클리닉 연구팀은 나이 든 세포를 없애고 젊은 세포가 그 자리를 대신할 수 있게 하면 노화를 멈출 수 있지 않을까 실험했습니다. 실제로 2016년 연구팀이 발표한 논문에 따르면, 생쥐가 생후 360일 됐을 때 나이 든 세포를 제거했더니 843일을 살았습니다. 일반 생쥐

---

[66] '인간은 죽음을 향한 존재Sein zum Tode'라는 마르틴 하이데거의 말이다. 핵심은 이렇다. 모든 인간은 자신의 선택과는 무관하게 세상에 내던져진다. 그리고 처음 엄마의 뱃속에서 나와 울음을 터뜨리는 순간부터 죽음을 향해 간다. 인간의 삶이 의미가 있는 것은 죽음이라는 한계가 있기 때문이다. 즉, 인간은 자신의 한계인 죽음을 직시할 때 비로소 유한한 삶을 주체적으로 살아갈 수 있다. 죽음에 대한 주체적 자각이 삶을 더욱 가치 있고 의미 있게 만든다.

의 수명(626일)보다 훨씬 길었죠. 단지 수명만 연장된 게 아니라 운동력과 활동성도 늘었다고 합니다.

현재까지 노화의 비밀에 가장 근접한 것은 '텔로미어telomere' 연구입니다. 2009년 노벨 의학상을 받은 엘리자베스 블랙번 박사에 따르면 염색체의 끝 부분에 유전자 조각이 있는데 이를 '텔로미어'라고 합니다. 세포가 분열할 때마다 텔로미어는 길이가 짧아지고, 일정 부분의 노화점을 지나면 그때부터 세포 노화가 진행됩니다. 시간이 더 흐르면 세포는 종말을 맞이하게 되죠. 즉, 이론상으로 텔로미어의 길이가 줄지 않으면 세포는 더 이상 노화되지 않습니다.

그럼 문제는 어떻게 해야 텔로미어가 줄어들지 않도록 하느냐인데, 그 역할을 하는 것이 바로 '텔로머라아제'입니다. 2010

년 미국 하버드 의대의 로널드 드피뇨 박사는 텔로머라아제를 통해 생명을 연장하는 실험에 성공합니다. 나이 든 생쥐에 텔로머라아제를 투여했더니 털 색깔이 회색에서 검은색으로 변하고 작아졌던 뇌의 크기도 정상으로 돌아온 것이었죠.

텔로머라아제가 작용하는 비근한 예는 암세포입니다. 암세포는 정상 세포와 달리 늙지 않습니다. 즉, 노화 과정 없이 계속 분열해 인체를 위협하죠. 그 이유는 암세포에 텔로미어 대신 텔로머라아제가 붙어있기 때문입니다. 하지만 대부분의 세포는 텔로미어가 짧아지면서 노화와 죽음을 향해 갑니다.

텔로머라아제 외에도 노화를 막는 물질이 여럿 있습니다. 그중 대표적인 게 현대판 불로초로 불리는 '라파마이신'입니다. 원래 장기 이식 수술에서 거부 반응을 차단하는 약으로 개발됐지만 노화를 늦추는 효과가 있는 것으로 밝혀졌습니다. 1960년대 남태평양의 한 섬에서 서식하는 세균에서 발견된 라파마이신은 몸속에 있는 특정 단백질의 기능을 억제해 세포가 영양분을 흡수하지 못하도록 합니다. 세포의 성장을 멈춰 노화를 억제한다는 것이죠.

실제로 2016년 워싱턴 대학의 매트 케블라인 박사는 20개월 된 생쥐(사람으로 치면 60세)를 두 그룹으로 나눠 실험했습니다. 이중 90일간 라파마이신을 투여한 생쥐는 사람 나이로 치면 최대 140세까지 생존했습니다.

생명 연장은 점점 '상상'이 아닌 '현실'로 다가오고 있습니다. 2013년 설립된 구글의 자회사 칼리코는 '죽음 해결'을 사업 목표로 삼고 있죠. 구글 창업자 세르게이 브린이 만든 칼리코는 노화의 원인을 찾아내 인간의 수명을 500세까지 연장하려고 합니다. 구글의 투자사인 구글벤처스의 빌 마리스는 "미래 인간이 500세까지 사는 게 가능하냐고 묻는다면 나는 그렇다고 답할 것"이라고 이야기하기도 했죠.

나노 기술과 로봇 공학의 발전도 인간을 불멸의 삶으로 이끌고 있습니다. 눈에 보이지 않을 정도로 작은 나노 로봇을 몸속에 삽입해 암세포 등을 죽이는 방식의 치료법이 연구되고 있죠. 더불어 인공 장기를 활용해 신체 기관 이식이 활성화되면 인류는 질병과 노화를 정복할 수 있게 될 겁니다.

생명 연장의 기술들이 발전한 미래에는 죽음의 의미도 달라지겠죠. 모든 국가와 인류 문명은 죽음을 형이상학적으로 대합니다. 사피엔스가 처음 지구상에 나타난 이후부터 지금까지 우리가 사는 세상과 별개로 사후 세계가 있다고 믿었습니다. 대부분 나라의 신화와 종교에서, 죽음이란 현실과는 차원이 다른 또 다른 영적 세계로 가는 것이라고 해석해왔죠.

꼭 종교를 갖고 있지 않더라도, 많은 사람들은 인간이 정신과 육체로 나뉘고, 영혼이 그를 담고 있는 그릇인 육신을 빠져나가는 걸 죽음이라고 생각합니다. 즉, 죽음에는 정해진 수명까지 살다 생을 마친다는 신의 뜻이 담겨있거나, 그렇지 않더라도 영혼이 다른 차원의 세상으로 넘어가는 거라는 형이상학적 의미를 부여하고 있는 거죠. 그 때문에 죽음은 신의 뜻이라는, 인간이 알 수 없는 영적 의미가 있다고 생각합니다.

하지만 과학 기술의 발달로 죽음은 이제 형이상학적 의미를 벗어던질 가능성이 큽니다. 고장 난 기계를 고쳐 쓰는 것처럼 말이죠. 그렇게 되면 죽음은 신의 뜻에서 기술의 문제로, 나아가 윤리적 의사 결정의 문제로 바뀔 것입니다. 즉, 생명 연장의 기술을 어디까지 허용할 것이냐를 놓고 판단해야 할 시기가 올 것이란 이야기죠.

문제는 이런 기술이 완성된다 해도 혜택을 볼 수 있는 사람은 매우 한정될 것이란 점입니다. 부자들은 생명 공학, 나노 과학,

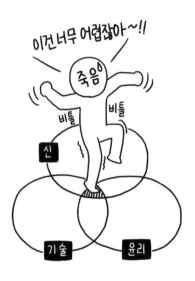

로봇 공학 등 각종 과학 기술의 이기에 힘입어 지금보다 훨씬 오래 살 수 있겠지만 가난한 사람들은 그렇지 않습니다. 가진 자와 없는 자 모두 죽음 앞에선 공평하다는 믿음이 깨지고 수명 양극화 시대가 도래하는 것입니다.

또 하나, 인간이 120세를 넘어 150세, 또는 그 이상을 살게 됐을 때 우리는 과연 더욱 성숙하고 발전된 문명을 이룩할 수 있을까요? 사회에서 벌어지는 많은 문제를 해결할 만큼의 지혜를 갖추고 있을까요? 생물학적으로 나이만 든다고 해서 시민의 교양이 저절로 길러지는 것은 아닐 것입니다.

영국의 작가 조나단 스위프트가 1726년 출간한 『걸리버 여행기』에는 '스트럴드브러그struldbrugs'라는 죽지 않는 인간 종족이 나옵니다. 주인공 걸리버는 그들이 매우 지혜롭고 성숙한 종족일 것이라고 기대했죠. 하지만 그 기대와는 달리 스트럴드브러그는 탐욕에 눈이 멀고 불만만 많은 비참한 존재로 묘사돼 있습니다. 우리의 미래도 그렇다면, 죽지 않고 오래 산다고 한들 무슨 의미가 있을까요.

**읽을거리 ♦ 춘추와 전국, 명분과 실리**

주나라 왕실의 영향력이 약화된 기원전 8세기부터 진의 통일(기원전 221년)까지, 약 500여년의 기간을 춘추전국시대라 부릅니다. 이 시대의 마지막 패자이자 새로운 시대를 열었던 사람이 진시황이었던 셈이죠.

보통 우리는 춘추와 전국을 합쳐서 부르지만 두 시대는 성격이 전혀 다릅니다. 춘추시대의 전투는 2~3일이면 끝났고 상대가 항복하면 군사를 물려 목숨을 살려줬습니다. 명분을 중시해 적장도 인격적으로 대했고요. 공자 같은 사상가들이 예법을 가르치고 왕과 제후들은 이를 실천했습니다.

미리 진을 치고도 강을 건너는 적군을 기다렸다 싸운 송나라 양공의 일화는 유명합니다. 기습하자는 제안에 "준비 안 된 상대를 공격하는 것은 '인(仁)'에 어긋난다"며 거절했죠. 훗날 쓸데없이 인정을 베풀었다(송양지인·宋襄之仁)며 비판 받기도 했지만, 맹자는 춘추시대 최고의 군주 중 한 명으로 양공을 꼽았습니다.

춘추의 정신이 막을 내린 건 마지막 패자인 월왕 구천 때입니다. 오왕 부차와의 전쟁에 패한 구천은 무릎 꿇고 목숨을 부지했고 12년 뒤 복수에 성공했죠(와신상담·臥薪嘗膽). 하지만 구천은 선처를 부탁하는 부차에게 "(당신이) 월을 오에 하사한 하늘의 뜻을 받지 않아 화를 입었는데, 과인이 어떻게 그 뜻을 어기겠느냐"며 거절했습니다. 부차는 자결했고 오는 멸망했습니다.

와신상담 이후 전국시대는 서로 죽고 죽이는 잔혹한 싸움이 수백 년간 계속됐습니다. 춘추의 명분과 예법은 사라졌고요. 몇 달, 몇 년을 싸웠고 이기기 위해서라면 온갖 모략과 속임수도 마다하지 않았습니다. 학문 대신 병법이 활개 치며 손빈·방연 같은 전략가들이 출세를 했죠.

역사 연구자인 신승하는 『중국사』에서 "약자는 강자에게 잡아먹히는 약육강식의 시대였고 하극상을 다반사로 여겼다. 제후들은 힘없는 제후를 병합하기 위해, 약한 제후는 잡아먹히지 않기 위해 오로지 군사력만 키웠다"고 평가했습니다.

전국에 춘추의 정신이 무용(無用)이듯, 오늘날 우리 사회에도 도덕과 정의, 명분과 이상이 설 자리는 부족해 보입니다. 비전과 철학을 보여주는 리더보다 승리의 술수만 논하는 책사들이 인기입니다. 야욕을 위해 형제들과 4명의 처남, 사돈까지 모조리 죽여 버린 태종 이방원처럼, 상대를 무너뜨리고 이기는 것만이 유일한 목표가 돼버린 현실이 안타깝습니다.

맞춤형
아기
가타카,

유전
공학의
미래

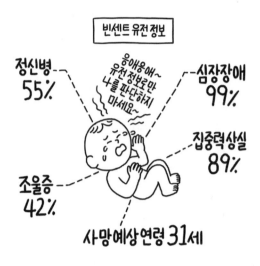

빈센트 유전 정보

정신병 55%

심장장애 99%

집중력상실 89%

조울증 42%

사망예상연령 31세

웅애웅애~ 유전 정보로만 나를 판단하지 마세요~

"정신병 55%, 조울증 42%, 집중력 상실 89%, 심장 장애 99%, 사망 예상 연령은 31세." 영화 『가타카』의 주인공 빈센트의 유전 정보입니다. 유전 공학이 발달한 미래 사회를 다룬 이 작품에선 아기가 태어나자마자 유전자 지도가 그려지죠. 그 안에는 질병과 성격, 지능과 신체 역량 등 모든 정보가 담겨있습니다.

부모의 열성 인자들만 갖고 태어난 빈센트는 어릴 적부터 좌절감을 경험합니다. 게다가 빈센트의 부모는 그가 심장 질환 때문에 일찍 사망할 것이라는 이야길 듣고, 이번엔 시험관 수정을 통해 유전적으로 완벽한 아기를 가집니다. 원하는 우성 인자를 모두 넣어서 빈센트와 정반대되는 아들을 낳은 것이죠. 그의 이름은 안톤입니다. 늘 동생 안톤을 질투하며 살아야 했던 빈센트. 하지만 그는 절망에 빠지지 않고 자신의 한계를 극복하기 위해 언제나 노력합니다.

유년 시절부터 그의 꿈은 우주 비행사가 되는 것이었습니다. 하지만 비행사가 되기 위해선 지적 역량은 물론 신체적 능력까지 뛰어나야 했죠. 열성 인자를 가진 빈센트로선 꿈도 못 꿀 일이었습니다. 그러나 빈센트는 어떻게든 그 꿈 가까이 가고 싶어 우주 항공 회사 '가타카'에 청소부로 취직합니다. 그러던 어느 날 비행사 제롬이 교통사고로 하반신 마비가 된 사실을 알게 되고, 그의 유전자 정보를 사 신분을 세탁하기에 이릅니다. 빈센트는 그의 바람대로 비행사의 꿈을 이룰 수 있을까요.

## 완벽한 미래 인간

영화 『가타카』는 가까운 미래에 유전 공학이 높은 수준으로 발달한 세상을 보여줍니다. 아기가 태어나자마자 어떤 어른으로 커나갈지, 무슨 병에 걸리고 언제 죽게 될지 결정됩니다. 한 방울의 피와 침만으로도 유전자 정보를 읽어낼 수 있고 성격과 신체적 특성까지 파악할 수 있습니다. 부자들은 아이를 가질 때 우성 인자들로만 유전자를 편집해 완벽한 인간을 만들려 하고요.

그런데 이제 영화 『가타카』의 이야기는 더 이상 상상 속의 일이 아닙니다. 얼마 전 '크리스퍼 유전자 가위CRISPR/Cas9'라는 유전자 편집 기술로 맞춤형 아기가 실현됐기 때문이죠. 유전자 편집은 우리가 원하는 유전자의 위치를 찾아 연결 부위를 자르고 다시 붙이는 작업을 뜻합니다. 이때 크리스퍼라는 유전자 가위를 이용하죠. 이렇게 만들어진 배아를 자궁에 착상시키면 아기가 태어납니다.

2015년 중국 중산대 연구팀은 유전자 가위로 인간 배아에서 빈혈에 작용하는 유전자를 제거하는 데 성공했습니다. 86개의 배아를 대상으로 실험했는데, 28개의 배아가 정상적으로 생존했죠. 2018년 11월에는 중국에서 세계 최초로 배아 상태에서 유전자를 편집한 '맞춤형 아기Designer Baby'가 태어났습니다. 유전자 가위로 편집해 부모가 원하는 유전자만 가진 아이를 만들 수 있게 된 것이죠.

유전자 편집을 어디까지 허용할 것인가 하는 윤리적 문제가 남아있긴 하지만, 기술의 이용 범위와 제한 기준만 정해진다면 영화 속 안톤과 같은 완벽한 아이가 태어날 날이 멀지 않았습니다. 그렇다면 인간은 어떻게 유전자를 만들고 무슨 방식으로 후손에게 그 정보를 건네주는 것일까요. 유전의 원리를 알기 쉽게 살펴보도록 하겠습니다.

## 멘델의 법칙

유전에 관한 최초의 학문적 연구는 오스트리아의 수도사 멘델에 의해서였습니다. 1865년 그는 「식물 잡종에 관한 연구」라는 논문을 발표하면서 유전학의 시작을 알렸죠. 그는 완두콩을 재배하며 꽃의 색깔 및 콩의 색과 주름 등이 어떤 규칙에 따라 다음 세대에 유전되는지 밝혀냈습니다. 그의 성과는 크게 세 가지로 압축됩니다.

첫 번째는 우열의 법칙입니다. 유전자의 형질[67]에 따라 생명체의 다양한 특성이 부여되는데, 이때 우성 형질과 열성 형질이 대립해 존재합니다. 키가 큰 사람과 작은 사람이 있는 것처럼 모든 형질은 대립쌍이 존재하죠. 멘델은 완두콩 재배 실험을 통해 한 쌍의 대립 형질을 교배했을 때 다음 세대는 우성 형질만 나타난다는 사실을 밝혀냈습니다. 예를 들어 순종의 둥근 완두와 주름진 완두를 교배하면 둥근 완두만 나옵니다. 이것이 멘델의 첫 번째 이론인 우열의 법칙입니다.

---

[67] 생물의 생김새와 특징 등 유전자의 작용에 의해 일어난 속성을 일컫는다.

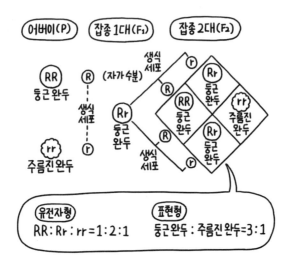

두 번째는 분리의 법칙입니다. 앞서 둥근 완두콩의 유전자형을 RR, 주름진 완두콩을 rr로 표현해 보겠습니다. 처음 교배돼 나온 잡종 1세대는 각 종으로부터 하나씩 유전자를 물려받아 Rr의 유전자형을 띱니다. 우성과 열성 유전자를 동시에 지니고 있지만 우성이 열성보다 우선이므로(우열의 법칙) 개체의 생김새는 우성으로 나타납니다. 그러나 잡종끼리 자가 수분하면 유전자의 경우의 수는 RR, Rr, Rr, rr 등 네 가지로 나옵니다. 즉, 둥근 완두와 주름진 완두가 3대 1의 비율로 나타나는 것이죠. 이를 분리의 법칙이라고 부릅니다.

세 번째는 독립의 법칙입니다. 서로 다른 대립 형질이 함께 유전될 경우 각자에게 영향을 주지 않고 독립적으로 다음 세대에 전해진다는 이론입니다. 즉, 노란색 둥근 완두와 초록색 주름진 완두를 교배하면 색깔을 결정하는 유전자와 모양을 결정하는 유전자가 각각 독립적으로 작용을 하고 서로에게 영향을 미치지 않는다는 것이죠.

　멘델의 법칙은 완두콩 교배 결과만 놓고 이론화한 것이지만, 그가 밝혀낸 유전의 기초 원리는 다른 생명체에게도 동일합니다. 모든 유전자는 각각의 형질에 해당하는 유전자형을 갖고 있고, 서로 다른 유전자형과의 교배에 따라 새로운 유전자형(잡종)을 만들어내죠. 예를 들어 사람의 눈꺼풀 모양도 멘델의 유전 법칙으로 설명 가능합니다.

　먼저 눈꺼풀 형질에서 우성은 쌍꺼풀AA이고, 열성은 외꺼풀aa입니다. 그러므로 부모가 모두 열성인 외꺼풀이라면, 자녀는 100% 외꺼풀입니다. 반면 부모 모두 쌍꺼풀을 가졌다 해도 유전자형에 따라 외꺼풀 자녀가 나올 수 있습니다. 부모 모두 유전자형이 Aa인 경우엔 앞서 분리의 법칙처럼 4분의 1의 확률로 외꺼풀이 존재합니다. 반대로 부모 중 한 명이 쌍꺼풀 순종AA인 경우엔 다른 부모가 외꺼풀이라 해도 자녀는 100% 쌍꺼풀을 갖게 됩니다.

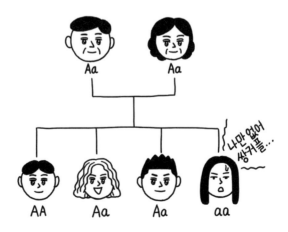

그렇다면 이처럼 우열 인자가 나타나는 다른 유전 형질은 어떤 게 있을까요. 머리카락은 곱슬이 우성, 직모가 열성입니다. 즉, 쌍꺼풀처럼 곱슬인 경우가 더 많이 나타난다는 뜻이죠. 보조개와 혀말기도 우성이고요. 이밖에도 사랑니, 대머리, 다모증도 우성입니다. 혈액형에선 Rh+가 Rh-에, A와 B가 O에 우성입니다.

그런데 혈액형은 대립 유전자형의 종류가 더 많기 때문에 계산식이 조금 더 복잡합니다. 즉 A형은 AA와 AO, B형은 BB와 BO, O형은 OO, AB형은 AB입니다. 예를 들어 부모가 각각 A형과 B형이라 해도 유전자형이 무엇이냐에 따라 자녀의 혈액형이 달라집니다. 만일 AA와 BB인 경우 자녀의 혈액형은 무조건 AB형일 수밖에 없죠. 반면 AO와 BO인 경우엔 AB, AO, BO, OO 네가지 경우의 수가 나옵니다. 즉, 모든 혈액형이 가능하단 뜻이죠. 상대적으로 A형과 B형이 더 많아 보이는 이유는 이처럼 유전자형이 다양하고 상대적으로 우성이기 때문입니다.[68]

## 유전자의 구조

유전이 학문으로 자리 잡는 데에는 멘델의 공이 매우 컸습니다. 그러나 처음 멘델의 논문이 나왔을 때는 학계에서 큰 주목

---

[68]  혈액에는 적혈구의 항원인 응집원과 항체인 응집소가 있다. 만일 혈액형이 다른 사람의 것을 수혈 받으면 응집한 적혈구 덩어리가 모세혈관을 가로막아 위험해진다. 다만 O형은 적혈구에 응집원이 없어 모든 혈액형에 수혈할 수 있다.

을 받지 못했죠. 왜냐하면 멘델은 단순히 완두콩 실험에서 식물의 어떤 형질이 다음 세대에 전해지는지 그 규칙만을 밝혀냈기 때문입니다. 당연히 유전자, 유전 물질 같은 개념도 쓰지 않았습니다.

그러나 수십 년 후 과학자들은 유전자에 대한 화학적 분석을 시도합니다. 그러면서 유전자의 구조를 밝혀내는 데 성공하게 되죠. 우리가 자주 쓰는 'DNA'라는 표현은 1938년에야 처음 나옵니다. 그러면서 유전자와 DNA라는 명칭을 구분해 쓰기 시작하죠. 즉, 유전자는 DNA상의 염기 배열 방식을 뜻합니다.

DNA는 네 가지 염기로 이뤄집니다. 바로 아데닌A, 구아닌G, 사이토신C, 티민T이죠. 유전자는 이 네 가지 염기가 어떻게 배열됐는지에 따라 서로 다른 유전 정보를 갖게 됩니다. 쉽게 말해 유전자는 4개의 알파벳으로 이뤄진 단어라고 볼 수 있습니다. 이를테면 ATG, ATC 등 염기 순서에 따라 서로 다른 정보를 나타냅니다.

그러나 네 가지 염기의 모든 조합이 유전 정보를 갖고 있는 것은 아닙니다. 알파벳을 무작위로 나열했다고 단어가 되지 않는 것처럼, 네 가지 염기가 체계적으로 배열돼야만 유의미한 유전 정보를 담기 때문입니다.

1944년 록펠러 연구소의 에이버리 박사는 유전 물질을 분리 추출하는 데 성공하면서 DNA의 존재를 공식적으로 증명했습니다. 이후 1953년 왓슨과 크릭은 DNA의 이중 나선 구조를 밝혀내면서 유전자의 비밀을 벗겨내기 시작했죠. 당시 두 사람의 연구 결과는 1000단어에도 못 미치는 128쪽의 소논문에 담겼습니다.

논문 제목은 「핵산의 분자구조: 디옥시리보핵산의 구조」였죠. 이들의 논문은 짧은 만큼 강렬했습니다. 이 연구로 두 사람은 10년 후 노벨상을 받게 됩니다.

사람의 세포 핵 안에는 23종류의 서로 다른 유전 정보를 가진 염색체가 있습니다. 각 염색체는 2개씩 쌍을 이뤄 존재하므로, 전체 염색체 개수는 46개입니다. 자녀는 23쌍의 염색체 중 엄마와 아빠로부터 한 개씩 물려받습니다. 그래서 자녀 또한 46개의 염색체를 갖게 되는 것이죠.

그렇다면 사람의 염색체는 왜 23개의 쌍으로 이뤄져 있을까요. 이는 고등 생물인 인간의 경우 다른 생물에 비해 유전 정보를 많이 갖고 있기 때문입니다. 책으로 치면 방대한 내용을 한 권에 다 담기보다는 분권해서 보는 게 효과적인 것과 같은 이치죠. 각각의 염색체는 담고 있는 유전 정보가 저마다 다릅니다.

특히 23번 염색체는 X와 Y로 이뤄져 있는데, 둘의 조합에 따라 남녀의 성별이 결정됩니다. 즉 XX는 여성, XY는 남성이죠. 아기는 엄마로부터 X염색체를 물려받고, 아빠로부터 X나 Y 염색체 중 하나를 받게 됩니다. 즉, 태아의 성별을 결정하는 것은 엄마가 아니라 아빠라는 이야기입니다.

남녀의 성별을 가르는 Y염색체는 남성의 고환을 만듭니다. Y가 없으면 난소가 생겨 여성이 된다는 이야기죠. 다시 말해 이 유전자가 없으면 생식 기관은 난소가 돼 여성이 되지만, 이 유전자가 있으면 고환을 만들어 남성이 됩니다. 다시 말하면 인간의 기본형은 여성이고 Y가 들어간 남성은 여성의 변형이란 뜻입니다.

X는 Y에 비해 월등히 크며, 염기의 길이도 4~5배가량 깁니다. 유전 정보도 X에 훨씬 많이 담겨있죠. X는 남성 호르몬인 테스토스테론을, Y는 여성 호르몬인 에스트로겐을 만듭니다. 그런데 에스트로겐은 여성의 특징을 발현시키는 것 외에도 간암, 대장암 등 치명적인 질병에 걸릴 확률을 낮춥니다. 건강의 측면에 있어 여성이 더욱 유리하다는 이야기죠.

무엇보다 X는 쌍으로 존재한다는 것이 큰 장점입니다. 예를 들어 색맹 같은 유전병은 X에 이상이 있어 발생하는데, 여성은 2개의 X염색체가 모두 이상이 있을 때 유전병이 발현됩니다. 그러나 남성은 X가 하나뿐이므로 더욱 쉽게 걸리죠.

미국 화이트헤드 생의학연구소 데이비드 페이지 박사는 X염색체를 일종의 보험으로 표현합니다. 다른 22개의 염색체와 마찬가지로 염색체가 쌍을 이뤄 존재하는 이유는 어느 한쪽에 변이가 생겼을 때 같은 쌍인 다른 염색체의 도움을 받기 위해서죠. 그러나 인간의 23번 염색체인 XY는 도움을 요청할 곳이 없습니다. 남성을 결정하는 Y는 두 번의 기회가 없는 셈이죠.[69]

또 Y는 아버지에서 아들로만 유전되므로, 가계 혈통을 추적하려면 남성 유전자인 Y가 더욱 효과적입니다. 특히 Y는 X에 비해 돌연변이가 나올 확률이 큽니다. 이는 유전적으로 Y가 불안정하다는 뜻이죠. 반대로 X는 돌연변이 가능성이 낮고 자가 치유의 경향을 보인다고 합니다.

## 게놈 프로젝트와 인류의 미래

게놈은 유전자 전체의 염기 서열을 뜻합니다. '게놈 지도'는 염색체가 담고 있는 유전 정보를 지도처럼 표시한 것이며, 이를 연구하는 행위를 일컬어 '게놈 프로젝트'라고 부릅니다. 게놈 지도는 곧 생명의 비밀이라고 할 수 있는데, 인간의 표준 게놈 지도는 이미 2003년에 초안이 완성됐습니다. 인간 유전자의 염기 서열을 99% 밝혀냈죠.

게놈 지도에 따르면 인간이 가진 염기 숫자는 30억 개가 넘습니다. 이중 약 3만 개 내외의 유전자가 인간 생명에 유의미한 영향을 미치고 있습니다. 다른 생물과의 비교를 통해 인간의 진화 계통을 분석하는 데 큰 도움을 주었죠. 예를 들어 침팬지와 인간의

---

[69] 「남성 Y염색체 능력있는 존재」, 경향신문, 2003. 6. 19.

유전자는 약 1.6%만 다르고, 인간과 생쥐는 80%가 일치합니다.

　　게놈 지도를 통해 인류는 유전병을 더욱 정확하게 연구할 수 있게 됐습니다. 조만간 어떤 염기 서열이 어떤 질병을 일으키는지 구체적으로 알아내고, 사전에 모든 병을 예방할 수 있는 길이 열릴 것입니다.

　　하지만 기술적 문제가 해결된다 해도 윤리적 문제는 남습니다. 앞서 살펴본 영화 『가타카』의 사례처럼, 유전자를 편집한 아기를 만들려 할 것이기 때문입니다. 중국에서 크리스퍼 유전자 가위로 탄생한 맞춤형 아기처럼 말입니다. 완벽한 유전자 편집 인간 안톤과 불안전한 자연인 빈센트의 대립처럼 인류는 또 다른 갈등을 맞이하게 될지 모릅니다. 이런 시대에는 빈센트처럼 자연적으로 태어난 사람은 열등한 인생을 살게 될 수 있습니다.

그러나 모든 게 정해져 있는 삶은 거꾸로 말하면 자기 스스로는 아무것도 할 수 없다는 뜻이기도 합니다. 유전자 지도에 정해져 있는 대로 인생을 살아가야 한다면, 새로운 꿈과 희망도 존재할 수 없습니다. 인간의 행복은 불확실함 속에서 얻는 성취와 그 기대감에서 오는 것이기 때문이죠.

영화 속에서 빈센트는 안톤과 수영 대결을 펼칩니다. 신체적으로 월등한 안톤의 승리는 불 보듯 뻔한 일이었죠. 그러나 결과는 빈센트가 이겼습니다. 이에 안톤이 놀라서 묻습니다. 어떻게 자신보다 빨리 결승점에 도착할 수 있었느냐고요. 빈센트는 이렇게 답합니다. "난 되돌아갈 힘을 남겨두지 않았어, 널 이기기 위해서"라고 말이죠. 자신의 한계에 끝까지 도전하는 시시포스[70]처럼 말입니다. 빈센트는 이날 수영에서 이긴 경험을 통해 자신감을 갖고, 무엇이든 최선을 다해 인생을 살아갑니다. 그 결과 완벽한 유전자 맞춤형 인간들과의 경쟁에서 살아남아 우주 비행사란 꿈을 이루게 되죠.

인간의 삶도 마찬가집니다. 그리스·로마 신화에서 올림포스의 신들이 전능한 힘을 가졌으면서도 인간을 질투했던 것은 불완전한 한계 속에서 나오는 인간만의 도전과 불굴의 의지 때문이었습니다. 올림픽의 무수한 드라마가 감동적인 이유는 그들이 자

---

[70] 그리스 신화에 등장하는 인물로, 생존에 교활한 짓을 많이 하여 신의 분노를 샀다. 이 때문에 커다란 바위를 산꼭대기까지 밀어 올리면 바위가 굴러 떨어져 다시 밀어 올려야 하는, 끝없는 고역의 형벌을 받는다. 프랑스의 사상가 알베르 카뮈는 이를 부조리한 인간의 삶과 비유해, 상황의 부조리를 수용할 때 자유로워진다고 주장했다.

신의 한계를 이겨내서였고요. 유한한 존재인 인간이 무한에 도전할 때, 그때 비로소 그 가치가 빛나는 법입니다. 주어진 한계를 뛰어넘고 늘 새로운 것을 향해 도전하는 것, 그것이 바로 인류가 가진 최고의 DNA일 것입니다.

*Chapter*
*14*

가상
현실,

기본
소득,
가짜
직업

스티븐 스필버그 감독이 제작한 『레디 플레이어 원』은 불평등이 심화된 미래 사회를 그립니다. 주인공 웨이드가 살고 있는 2045년 오하이오의 콜럼버스는 대다수의 보통 사람들이 살고 있는 공동 주거 공간입니다. 하지만 컨테이너 박스를 쌓아놓은 듯한 트레일러촌의 모습이 마치 빈민가나 전쟁 난민 지역을 떠올리게 합니다.

이처럼 많은 작품에서 미래 사회의 사람들이 빈민 또는 난민처럼 그려지는 이유는 뭘까요? 핵심 원인은 바로 일자리가 없기 때문입니다. 기술의 발전으로 인공 지능AI이 인간의 노동을 대체하면서 대다수의 사람들은 실직 상태에 놓입니다. 실제로 영화 속 배경인 오하이오는 IT기술의 발달로 쇠락한 미 북동부의 공장지대인 러스트 벨트(펜실바이니아, 미시간, 위스콘신 등) 중 한 곳입니다. 2016년 미국 대선 당시 트럼프가 이곳에서 '제조업 부활' 공약을 내세워 돌풍을 일으켰죠.

## 게임인가 현실인가, 나비인가 장자인가

영화 속, 노동이 사라진 시대에 사람들의 유일한 낙은 '오아시스'라는 게임에 접속해 시간을 보내는 것입니다. '오아시스'는 일종의 가상 현실로 그 안에선 이미 사라져버린 인간의 여러 직업을 수행하며 살아갈 수 있습니다. 그렇다 보니 대부분의 사람들은 일상적으로 AR·VR을 착용하고 온라인에 접속해 있습니다. 어

떤 사람들은 새 집을 사려고 모아둔 돈까지 게임 속 아바타를 구매하는 데 탕진하죠. 가상 현실에서 통용되는 게임 머니는 현실에서 실제 화폐처럼 쓰이기도 하고요.

사람들의 유일한 낙은 게임에 접속하는 것입니다. 현실의 삶은 비루할지언정, 온라인 세계선 자신이 원하는 것은 무엇이든 될 수 있기 때문입니다. 게임에 접속하지 않은 시간보다, 게임에 참여하는 시간이 훨씬 많은 삶이죠. 이쯤 되면 오프라인은 현실이고, 온라인은 가상이라는 이분법도 꼭 맞는 이야기가 아닌 것 같습니다. 게임 속의 내가 진짜인지, 게임 밖의 내가 진짜인지 구분하기 어려운 거죠. 마치 나비의 꿈을 꾼 장자가 자신의 정체성을 헷갈리듯 말이죠.

이 작품처럼 미래를 그린 많은 영화들이 유토피아보다는

디스토피아를 묘사합니다. 『블레이드 러너』나 『공각기동대: 고스트 인 더 셸』은 화려한 도시와 빈민가를 대비해 보여줍니다. 도심의 초고층 빌딩엔 네온사인과 홀로그램으로 반짝거리는 광고판들이 수두룩하지만 정작 사람들의 모습은 보이지 않습니다. 기업들의 마케팅이 넘쳐나고 소비를 부추기지만 정작 상품을 구매할 소비자는 별로 없습니다. 일자리가 없어 구매력 또한 사라진 '노동의 종말' 시대이기 때문입니다.

## 20대 80의 사회가 온다

2017년 2월 스페이스엑스 · 테슬라모터스의 CEO 일론 머스크는 두바이에서 열린 '월드 거버먼트 서밋World Government Summit' 행사에서 "미래는 AI의 상용화로 인간의 20%만 의미 있는 직업을 갖게 될 것"이라고 했습니다. AI가 현존하는 일자리의 상당 부분을 대체할 것이란 이야기였죠. 머스크는 2018년 3월 세계 최대의 민간 우주 로켓(길이 70m, 폭 12.2m)인 '팰콘 헤비Falcon Heavy'를 쏘아 올리고, 2020년 5월에는 민간 최초로 비행사 2명을 태운 유인 우주선 '크루 드래건'을 지구 밖으로 보냈습니다. 이처럼 머스크는 지구인 중에서도 미래에 가장 가까이 가 있는 인물이라고 할 수 있죠.

80%가 일자리를 잃게 될 거라는 그의 전망은 이미 현실이 돼가고 있습니다. 요즘 식당에 가보면 별도의 계산원 없이 직접 음식을 주문하는 키오스크가 보편화돼 있습니다. 국내업체인 배달

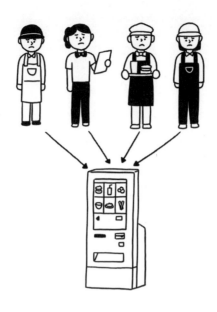

의 민족은 AI 바리스타가 운영하는 로봇 카페를 오픈했고 테이블 사이를 자율 주행하는 서빙 로봇도 개발했습니다. 이밖에도 드론을 이용한 택배, 상담 전문 채팅봇 등 기계와 AI의 일자리 침투는 가속화되고 있습니다.

실제로 영국 옥스퍼드대 연구팀은 2033년까지 현재 직업의 47%가 사라질 것이라고 예측합니다. 일본의 경영 컨설턴트 스즈키 타카히로는 자신의 책『직업소멸』에서 "30년 후에는 대부분의 인간이 일자리를 잃고 소일거리나 하며 살 것"이라고 전망합니다.

국내 연구 결과도 비슷합니다. 한국고용정보원에 따르면 10년 후 현재 사람이 수행하는 업무의 상당 부분은 AI의 위협을 받게 됩니다. 2030년 국내 398개 직업이 요구하는 역량 중 84.7%는 AI가 인간보다 낮거나 같을 것이라는 설명이죠. 전문 영역으로 꼽히는 의사(70%), 교수(59.3%), 변호사(48.1%) 등의 역량도 대부분 AI로 대체될 수 있습니다.

이처럼 미래 인간의 일자리는 대폭 사라질 것입니다. 문제는 직업이 천천히 없어지는 게 아니라 어느 날 갑자기 증발해버린다는 것이죠. 이미 우리는 유사한 경험을 해온 바 있습니다. 예를 들어 미국에서 1880년대 처음 등장한 엘리베이터 도우미는 1950년대 12만 명으로 정점을 찍었다가 1960년대 6만 명으로 반 토막이 난 뒤 얼마 후 사라졌습니다. 국내에서도 '안내양'으로 불렸던 버스 차장이란 직업이 존재했으나 1980년대에 갑자기 사라졌습니다. 자동문과 하차 벨이 개발됐기 때문이죠.

'직업 증발'이 대표적으로 예고된 업종 중 하나는 운수업입니다. 자율 주행 기술 탓입니다. 일반 자가용의 경우 상용화까지 시간이 좀 더 걸리겠지만, 노선이 일정한 화물 트럭이나 버스와 같은 대중교통은 자율 주행이 코앞에 다가왔습니다. 미래학자 제레미 리프킨이 『노동의 종말』에서 "자동화와 AI의 확산으로 소수의 관리 인력만 필요하게 되고, 기술의 발전으로 노동자가 거의 없는 경제로 향하고 있다"고 지적한 것도 같은 맥락입니다.

## 지적 노동을 대체하는 기술 혁명

기술 발전은 늘 인간의 일자리를 소멸시켰습니다. 하지만 사라진 만큼 새로운 직업이 생겨나 인간은 언제나 산업을 발전시키고 시장을 확대했습니다. 그런데 지금 우리 앞에 놓인 기술 혁명은 과거와는 차원이 다릅니다. 지금까지의 기술 발전이 인간의 신체를 확장하는 것이었다면 미래의 기술 혁명은 인간의 지적 노동을 대체하는 것이기 때문입니다.

앞으로의 기술 혁명은 인간의 신체는 물론 지적 노동까지 대체합니다. 직업 증발이 예고되는 근본적 이유입니다. 지적 노동을 하는 직업 중 위기에 처한 대표적인 일자리가 전문직입니다. AI 의사 왓슨은 수십만 명의 환자 데이터와 1500만 쪽에 달하는 의학 자료를 갖고 있습니다. 인간 의사는 도저히 따라갈 수 없는 지식의 양이죠. 빅 데이터를 바탕으로 왓슨은 환자에 대한 진단과 처방을 단 8초 만에 내립니다.

　왓슨과 같은 AI 의사가 많아질수록 인간 의사의 수는 줄어들 것이며, 남아있다 해도 그 역할이 달라질 겁니다. 지금까지는 의사가 자신의 임상 경험과 의학 지식만으로 처방과 진단을 내렸지만 앞으로는 왓슨을 활용해 환자와 소통하고 정서적 유대를 형성하는 일을 해야 합니다. 수술도 마찬가지죠. 이미 사람 손으로 수행하기 어려운 정교한 수술은 전용 로봇인 '다빈치'가 하고 있습니다.

법조인도 마찬가집니다. 지금까지 유능한 변호사를 판단하는 기준은 '법조문과 해당 판례를 얼마나 많이 알고 있느냐'였지만, 이젠 법률 지식에 있어 인간 변호사는 AI를 따라갈 수 없습니다. 실제로 2016년 미국 뉴욕의 유명 로펌 '베이커드앤드호스테들러'에 처음 도입된 AI 변호사 로스는 초당 1억 장의 법률 문서를 검토해 개별 사건에 가장 적절한 판례를 찾아내 추천하죠.

## 노동의 종말과 기본 소득

'노동의 종말'이 다가오면서 인간의 '먹고사는' 문제는 더욱 심각해질 것입니다. 그러면서 자연스럽게 기본 소득 논의가 이뤄지고 있습니다. 하지만 명확한 재원 마련 방안 없이 단순히 현금을 살포하는 방식의 기본 소득은 지양돼야 합니다. 기본 소득은 기존에 우리가 경험했던 복지 시스템과는 전혀 다른 성격의 것이기 때문이죠. 앞서 살펴본 것처럼 미래 사회는 인간의 노동 자체가 사라져버리기 때문에 기본 소득은 '생존'의 문제입니다.

일본의 고마자와 대학의 이노우에 도모히로 교수는 『모두

를 위한 분배: AI시대의 기본 소득』이란 책에서 "기본 소득은 최소한의 생존이 가능한 선에서 제공하기 때문에 더 나은 삶을 위한 터전을 마련해준다"고 말합니다. 그는 "기존의 복지 정책은 수급자에게 소득이 생기면 수급액이 줄어 일할 의욕을 해치지만 기본 소득은 그와 정반대"라고 지적합니다.

2019년 미국에선 민주당 대선 후보 경선에 나섰던 40대 아시안 남성이 기본 소득 공약으로 돌풍을 일으켰죠. 바로 대만계 기업인 앤드류 양입니다. 출마 당시만 해도 이름 없는 군소 후보였지만 지난 9월 주요 후보들만 참석 가능한 TV토론회에 출연하며 존재감을 과시했죠.

그의 돌풍은 핵심 공약인 '보편적 기본 소득UBI'입니다. 18세 이상 모든 미국인에게 월 1000달러씩 주겠다는 것이죠. 나중

에는 비트 코인 같은 암호 화폐로 주는 게 목표입니다. 이 같은 공약 후 그의 지지율은 급상승했습니다. 그는 UBI가 "기술 발전으로 소외된 노동자들을 위한 최소한의 생존책"이라고 주장합니다. 그러면서 "자율 주행 트럭의 기술적 완성도는 이미 98%에 달해 350만 명의 미국 트럭 기사들을 위협하고 있고 소매 상점, 콜 센터, 패스트푸드점 등 다른 일자리도 마찬가지"라고 설명합니다. 특히 "앞으로 12년 후면 현재 일하고 있는 미국인 3분의 1이 실직할 것"이라고 강조합니다.

앤드류 양이 내놓은 해법은 간단합니다. AI와 자동화로 혜택을 보는 기업들로부터 부가가치세VAT를 걷어 기본 소득의 재원을 마련한다는 거죠. 그러면서 아마존을 예로 듭니다. "연간 200억 달러의 매출을 올리는 아마존이 세금을 내고 있지 않다"며 "아마존 때문에 수많은 점포가 문을 닫지만 우리에게 돌아온 것은 세금 0달러"라고 말합니다. 아마존을 비롯한 페이스북, 구글 같은 IT기업들이 인간의 일자리를 없앤 만큼 세금을 더 내야 한다는 논리입니다.[71]

---

[71] 기본 소득에 관해 흥미로운 것은 제도가 도입될 경우 정작 돈을 많이 내야 할 IT 구루들이 이 정책을 지지하고 있다는 것이다. 2019년 앤드류 양이 방송 토론에서 10가구를 추첨해 월 1000달러씩 UBI를 제공하겠다고 발표하자 무려 45만 가구가 신청하는 일이 벌어졌다. 그러자 소셜 미디어 '레딧'의 공동 창업자인 IT 거부 알렉시스 오하니언은 "너무 좋은 아이디어다, 양이 할 수 없다면 내가 (UBI 지급을) 하겠다"고 트윗을 날렸다. 일론 머스크도 "나는 양을 지지한다, 그는 자신이 고스(goth)임을 공개적으로 인정하는 최초의 대통령이 될 것이다. 나는 이게 매우 중요하다고 생각한다"고 했다. '고스'는 세상의 종말 등 어두운 소재를 다루는 록 음악의 한 형태로, 최근에는 기성세대에 저항하는 청년들을 일컫는다. 이외에도 트위터의 CEO인 잭 도시, 영화배우 니컬러스 케이지 등이 그를 공개적으로 지지했다.

UBI에 대한 또 다른 재원으로 양은 '테크 체크tech check'라는 개념도 내놓습니다. 우리가 제공한 개인 정보에 대한 보상을 제대로 받도록 하자는 겁니다. 대기업들이 쿠폰 몇 개 쥐어주고 개인 정보를 가져다 큰돈을 버는 잘못된 프레임을 깨자는 거죠.

그는 "미래 사회의 개인 정보는 원유보다 더욱 큰 가치를 지닌다"면서 알래스카 주민들의 '오일 체크oil check'를 예로 듭니다. 알래스카 주정부는 1974년부터 유전 수입을 영구 기금으로 만들어 모든 주민에게 원유 배당금을 지급합니다. 현재 기금 규모는 약 440억 달러에 달해 미래 세대까지 충분히 줄 수 있습니다.

## 기본 소득의 역사

UBI를 이야기하기 앞서 앤드류 양은 이런 질문을 던졌습니다. "우리 시대 최대의 난제 중 하나는 트럼프가 어떻게 대통령이 됐는가 하는 것"이라고요. 그러면서 "(트럼프 당선의 원인은) 러스트 벨트 같은 지역에서 400만 개의 일자리가 기술과 자동화로 사라진 게 주원인"이라고 설명합니다.

결국 트럼프가 당선된 것은 이변이 아니라 기술 혁명에 따른 사회 변화의 흐름을 다른 정치인들이 간과했기 때문이라는 것입니다. 그러면서 양은 "미국 건국 당시부터 토마스 페인이 '시민 배당금'이란 제도를 주장할 만큼 UBI는 가장 미국적인 제도"라며 기본 소득 제도의 도입을 강력하게 주장합니다.

실제로 기본 소득에 대한 논의는 오래 전부터 있어 왔습니다. 1516년 토머스 모어는 『유토피아』에서 "도둑질이 생존을 위한 유일한 방법이라면 어떤 처벌도 이를 막을 순 없다"며 "끔찍한 처벌 대신 모두에게 일정 수준으로 생활할 수 있도록 해주는 게 해법"이라고 말했습니다. 당시 영국은 방직 산업이 급성장해 지주들이 소작농을 쫓아내고 양을 키우면서 큰돈을 벌었지만 서민들은 기아에 허덕였습니다. 모어는 이를 "양이 사람을 잡아 먹는다"는 말로 풍자했죠. 이런 시대 분위기 속에서 모어는 기본 소득의 개념을 처음으로 제시했습니다.

미국의 정치 사상가 토머스 페인도 『토지정의』에서 토지는 모든 국민이 평등하게 누려야 할 공유 자산이라는 주장을 펼쳤습니다. 그러므로 토지에서 나온 지대 소득 중 일부를 기금으로 마련해 성년에게 공평하게 배분하는 '시민 배당금'을 주장했죠. 미국의 경제학자 헨리 조지도 『진보와 빈곤』에서 "공공 재산인 토지에서 나온 소득은 모두가 공유해야 한다"고 설명했습니다.

한편 기본 소득은 매우 자본주의적인 해결책이기도 합니다. 시장은 늘 막다른 길로 몰릴 때마다 새로운 해법을 찾아왔는데 불평등 문제도 마찬가지입니다. 유발 하라리의 표현대로 기본 소득은 빈곤층의 경제적 혼란에 대한 완충 작용을 하고, 대중의 분노로부터 부유층을 보호할 수 있기 때문이죠(『21세기를 위한 21가지 제언』).

실제로 시카고학파[72]의 거두인 밀턴 프리드먼도 기본 소득과 비슷한 '음의 소득세Negative income tax'를 제안했습니다. 프리드먼은 1962년 발간한 『자본주의와 자유』에서 고소득층에게 세금을 걷듯, 저소득층에겐 보조금(음의 소득세)을 주자고 했습니다. 이는 레이건 정부에 이르러 저소득층에게 세금 공제 형식으로 현금을 주는 '근로장려세제EITC'로 변용됐죠.

그러나 기본 소득은 늘 막대한 재원이 문제입니다. 기존의 복지 정책을 통폐합하는 것만으로는 한계가 있어 정부 지출이 대폭 증가할 것입니다. 한국처럼 저출산·고령화가 심각한 상황에선 급격한 세수 감소가 예상돼 재정 건전성이 크게 악화될 것이고요.

미래 정책을 연구·개발하는 '어젠다2050'(대표 김세연)은 2017년부터 전문가 토론회 등을 개최하며 기본 소득의 현실화 방안을 모색하고 있습니다. 부가세(앤드류 양)나 로봇세(빌 게이츠)를 신설하

---

[72] 20세기 중반 프리드리히 하이에크, 밀턴 프리드먼 등 시카고 대학 교수들이 주축이 된 경제학파. 정부의 개입보다 시장의 자율을 강조하며 신자유주의의 뼈대를 이뤘다. 훗날 레이거노믹스의 사상적 기반이 된다.

는 방법도 논의됐지만 조세 저항의 문제가 있습니다. 그 대신 개인의 데이터 거래 수익을 합법화하고 이를 기본 소득의 중요 재원으로 삼자는 아이디어가 설득력을 얻고 있죠. 김세연 대표는 "미래에 데이터는 현재의 원유와 같은 역할을 하게 된다"며 "개인 정보로 돈을 버는 기업이 합당한 대가를 지불하면 가계에 큰 도움이 될 것"이라고 말합니다. 주식처럼 데이터 거래소를 만들어 자유롭게 개인 정보를 사고팔 수 있게 한다는 구상입니다. 위치·이동 정보부터 쇼핑, 납세, 의료 등 제공하는 정보의 질과 범위에 따라 가격이 책정되고 개인이 그 범위를 선택할 수 있습니다.

또 다른 아이디어로 '국가 기술 배당금'을 생각해볼 수 있습니다. 2020년 정부의 R&D(연구개발) 예산은 24조 2200억 원입니다. AI·바이오·블록 체인 등 미래형 기술 개발에 집중 투자합니다. 이렇게 정부는 매년 막대한 예산을 R&D에 투자하지만 실제 그 기술이 어떻게 산업에 적용되는지, 시장에서 얼마나 수익을 내고 있는지 살펴보진 않았습니다. 이때 '국가 기술 배당금'이란, 정부 예산이 투입된 기술이 상용화됐을 경우 생기는 수익의 일정 부분을 기본 소득의 재원으로 쓰자는 취지입니다. 알래스카의 '오일 체크'와 같은 원리죠.

싱가포르의 테마섹Temasek이나 중국투자공사CIC, 아랍에미리트의 아부다비투자청ADIA과 같은 국부 펀드를 만들어 기본 소득 기금으로 운용하는 것도 방법입니다. ADIA의 경우 연간 수천억 달러를 운용하는데, 수익의 상당 부분이 미래 산업과 인재를 육성하는 데 쓰이고 있습니다.

노벨 경제학상 수상자인 조지프 스티글리츠는 『불평등의 대가』에서 "불평등은 시장의 장점인 역동성과 생산성을 마비시켜 사회 전체를 침몰시킨다"고 했습니다. 그러면서 "양극화를 완화하고 시장에 활력을 불어넣어야 성장을 견인할 수 있다"고 강조했죠. 불평등 해결은 정의와 복지의 문제가 아니라 시장의 지속을 위한 필수 조건입니다. 그렇기 때문에 국내에서도 머지않아 기본 소득에 대한 활발한 논의가 이뤄질 것입니다.

## 극단적 계급 사회와 가짜 직업

"'기생충'은 디스토피아다. 그리고 우리는 그 안에 살고 있다."

미국 『뉴욕타임스』는 영화 『기생충』을 '올해(2019년)의 영화'로 선정하며 이 같이 밝혔습니다. 그러면서 "반 지하와 대저택은 현대 사회를 은유적으로 표현하며, 영화는 계급 투쟁에 관한 날카로운 시선을 보여준다"고 설명합니다. 칸영화제 황금종려상을 받은 『기생충』은 골든글로브와 아카데미까지 석권했죠.

이처럼 세계 곳곳에서 『기생충』이 호평을 받은 이유는 무엇일까요? 영국의 『가디언』은 "계급 갈등을 적절히 다루면서 빈부 격차의 담론에 굶주린 젊은 관객들에게 보편적인 반향을 불러일으켰다"고 평가합니다. 대다수 선진국이 겪고 있는 불평등 문제를 흥미로운 이야기로 풀어낸 것이 "영화의 본고장인 미국을 흔들 수 있던"(『워싱턴포스트』) 이유였죠.

이는 미국의 밀레니얼(1980~2000년생)이 버니 샌더스의 사회주의에 열광하고 '월가 점령Occupy Wall Street' 시위를 적극 지지했던 것과 마찬가지입니다. 실제로 2018년 8월 갤럽 조사 결과 미국 청년들의 51%가 '자본주의보다 사회주의를 선호한다'고 답했습니다. 이는 경제적 황금기를 겪었던 부모 세대와 달리 금융 위기로 대다수 실직과 파산을 보며 자란 밀레니얼에게 경제적 시련이 각인돼 있기 때문입니다.

토마 피케티는 『21세기 자본』에서 "심각한 양극화로 자본주의 위기가 도래했다"고 말합니다. 그에 따르면 미국 상위 1%의 소득은 1980년경 평균 소득의 9배였는데, 2010년엔 20배로 늘어났습니다. 같은 기간 영국에선 6배 → 14배, 호주에선 5배 → 9배, 일본은 7배 → 9배로 증가했습니다. 대다수의 나라는 일을 해서 버는 돈(노동 소득)보다 '돈이 돈을 버는' 자본 소득의 증가율이 훨씬 컸습니다.

　　이는 출신·가문에 상관없이 능력만 있으면 성공할 수 있다
는 '능력주의Meritocracy'[73]가 사라지고 있다는 이야기입니다. 그 해
법으로 피케티는 '글로벌 자산세'를 제안합니다. 부유층 자산의 세
금을 대폭 늘려 불평등을 완화하자는 것입니다. 단, 특정 국가에서
먼저 도입하면 다른 나라로 자본이 빠져나갈 것이기에 '글로벌'
동시 도입을 주장합니다. 하지만 이는 실현가능성이 희박합니다.

　　미래 사회의 불평등과 양극화는 더욱 심화될 전망입니다.
2017년 서울대 유기윤 교수팀이 발표한 보고서에 따르면 2090
년 미래는 크게 4계급으로 나뉩니다. 1계급인 상위 0.001%의 부

---

[73]　영국의 사회학자 마이클 영이 1958년 출간한 『능력주의 사회의 부상(The Rise of
　　Meritocracy)』에서 '귀족주의(aristocracy)'의 반대말로 만든 개념. 출신과 가문이 아
　　닌 실력에 따라 보수와 지위가 결정되는 체제를 뜻한다.

자가 대부분의 부를 차지합니다. 2계급은 연예인과 정치인 등 공인으로 이들의 비율은 0.002%에 불과하죠. 3계급은 안타깝게도 사람이 아니라 AI입니다. AI가 인간의 일자리 전반을 대체하고 오히려 명령을 내리는 역할을 맡게 되죠. 4계급은 나머지 99.997%의 일반인입니다. 이들은 단순 노동자로 '프레카리아트'[74]라 불립니다.

하지만 문제는 프레카리아트의 노동은 지금 우리가 생각하는 형태의 것과는 차원이 다르다는 점입니다. 대부분의 중요한 일처리는 AI가 하고, 인간은 단순 반복적인 업무만 맡게 되죠. 그 중에는 굳이 인간이 하지 않아도 되는, 아니 인간이 하면 더욱 생산성이 떨어지는 일도 상당 부분 포함돼 있습니다.

예를 들어 치안과 질서 유지를 담당하는 경찰 업무를 생각해보죠. 미래에 로보캅이 현실화 된다면, 굳이 인간 경찰이 필요할까요. 또 앞서 살펴본 왓슨과 로스가 더욱 발전한다면 인간 의사와 변호사의 숫자도 대폭 줄어들지 않을까요. 그렇게 된다면 인간이 할 수 있는 일자리는 얼마 남지 않을 것입니다.

인간은 자신의 삶의 의미를 대부분 노동에서 찾습니다. 우리가 어린 아이에게 네 꿈이 뭐냐고 물으면 대부분 특정 직업을 이야기하는 것과 마찬가지죠. 노동의 종말 시대에 대부분의 일자리를 AI와 로봇에게 넘기고 기본 소득만으로 살아간다고 할 때, 인간은 과연 행복할 수 있을까요. 삶에 의미를 찾지 못해 우울증과

---

[74] 영국의 경제학자 가이 스탠딩이 쓴 말로 불안정하다는 뜻이 이탈리어 프레카리오와 노동자를 뜻하는 프롤레타리아트가 합쳐진 말이다.

범죄 등이 더욱 증가하진 않을까요.

　　그래서 나오는 것이 '가짜 직업'입니다. 기계가 하면 더 잘할 일임에도 불구하고 인간의 몫을 위해 남겨두는 것이죠. 결국 기본 소득과 가짜 직업은 동전의 양면입니다. 영화『공각기동대』의 미래 사회처럼 좋은 상품이 아무리 많아도 이를 구매할 소비자가 없다면 기업 활동을 영위할 수 없습니다. 적절한 크기의 시장이 유지되고 유효 수요를 확보하기 위해서라도 기본 소득이 있어야 하며, 이들의 삶이 의미 있고 자아 실현이 이뤄질 수 있도록 가짜 직업이 필요합니다.

　　물론 언제 로봇세가 도입되고, 가짜 직업이 실현될지 알 수는 없습니다. 그러나 확실한 점 한 가지는 미래의 인간은 분명히 '노동의 종말'을 맞이하게 될 것이고 그때의 인간은 생존을 위한 새로운 방편을 모색해야 한다는 겁니다. 또 앞으로 인간은 AI 와는 차별되는, 사람만이 할 수 있는 무언가를 하게 될 거라는 점이죠. 이제 우리가 걱정해야 할 것은 기계가 인간처럼 되는 일이 아니라, 인간이 기계처럼 되는 것입니다.

*Chapter*
*15*

빅브라더의
미래
사회,

언어가
생각을
지배한다

조지 오웰1903~1950[75]이 쓴 『1984』는 전체주의 사회의 모습을 적나라하게 보여줍니다. '빅 브라더'가 지배하는 세상은 CCTV와 텔레비전을 합쳐놓은 '텔레스크린'으로 사방이 둘러싸여 있고 모든 일상이 녹화됩니다. 조그만 목소리의 대화도 국가에 감시당하죠. 이 기계는 집주인이 끄고 싶어도 끌 수 없습니다. 미셸 푸코가 말한 '판옵티콘panopticon(발달된 정보 기술이 개인의 일거수일투족을 감시하는 체계)'[76]의 전형이죠.

## 감시 사회의 끝판왕 1984

1949년 집필 당시 오웰이 그린 미래 사회는 전 세계가 오세아니아·유라시아·동아시아의 세 나라로 통일돼 있습니다. 이들 모두 독재 권력이 주민을 통제하는 전체주의 사회입니다. 주인공이 사는 오세아니아는 '빅 브라더'가 통치하는 곳으로 영국식 사회주의가 통치 이데올로기입니다. 사실 말이 사회주의지 실제로는 독재 국가이고, 인민은 당원과 노동자 계급인 프롤Prole(프롤레타리아의 줄임말)로 나뉩니다.

---

[75] 영국의 소설가·언론인. 전체주의를 풍자한 『동물농장』으로 명성을 얻었고 『1984』로 세계적인 작가가 됐다. 냉전 체제 아래 구소련을 비판하는 자유 진영의 '페르소나'로 여겨졌지만 정작 본인은 사회주의자였다.

[76] 원래는 영국의 철학자 제레미 벤담이 제안한 원형 형태의 교도소를 일컫는 말인데, 핵심은 교도관이 모든 방과 죄수를 한눈에 감시할 수 있도록 고안됐다는 것이다. 프랑스의 철학자 미셸 푸코는 이런 특징을 현대의 정보 사회에 빗대어, 자신의 저서 『감시와 처벌』에서 컴퓨터 통신망과 데이터베이스가 개인의 사생활까지 감시한다고 지적했다.

빅 브라더는 최고의 통치자를 지칭하는데 집, 길거리, 회사 모든 곳에 벽보로 붙어있습니다. 하지만 대다수의 사람들은 빅 브라더의 모습을 본 적이 없습니다. 작품은 주인공이 일기를 쓰는 장면으로 이야기를 시작합니다. 그러나 체제에 부정적인 솔직한 자신의 심경을 적는 것조차 큰 범죄입니다. 아니 그런 생각을 한다는 것 자체가 큰 문제입니다. 일상 곳곳에 '사상경찰'이라 불리는 사람들이 위장해 일거수일투족을 감시하니까요.

빅 브라더 이전의 세상이 어땠는지 기억하는 사람은 이제 남아있지 않습니다. 자유주의 사회가 어땠는지, 민주주의란 개념이 무엇인지 아무도 알지 못합니다. 행동을 감시하고 통제하는 것은 오히려 쉬운 일일 수 있습니다. 기억과 사고를 감시하고 조종하는 것은 훨씬 어려운 일이죠. 그럼에도 과거의 세상을 기억하는 이가 없다는 것은 사람들의 생각을 완벽히 통제하기 때문입니다. 그렇다면 빅 브라더는 어떻게 인민들의 생각을 자기 마음대로 조종할까요.

그것은 '새말newspeak'이라는 신어(新語) 때문에 가능합니다. 언어를 통해 행동뿐 아니라 생각까지 통제하는 감시 사회의 결정판이죠. 새말에는 먼저 체제를 비판하거나 그 대안을 표현할 수 있는 단어가 존재하지 않습니다. 예를 들어 '자유free'라는 말은 있지만 '설탕이 없다sugar free'는 식으로 사용될 뿐, '자유 의지free will'나 '사회적 자유social freedom' 같은 표현은 없습니다. 오웰은 책의 해제(解題)에서 "개인이 어떤 생각을 갖더라도 이를 표현할 단어가 없으니 나중에는 새로운 생각 자체를 못한다"고 설명합니다.

실제 이탈리아의 파시스트도 비슷했습니다. 그들의 언어는 선전·선동에 능하도록 짧고 간결하며 직관적이었습니다. 유년 시절을 무솔리니 치하에서 보낸 움베르트 에코1932~2016는 "파시즘은 복잡하고 비판적인 추론의 도구를 제한하기 위해 빈약한 어휘와 초보적인 문법을 사용했다"고 지적합니다(『원형의 파시즘』).

이처럼 말은 사고의 틀과 내용을 규정하기도 합니다. 언어학자 벤자민 리 워프1897~1941[77]는 "언어는 단순히 생각을 드러내는 복제 수단이 아니라, 오히려 그 자체가 생각을 형상화하고 실재하게 만든다"고 합니다. 원래는 사소한 하나의 몸짓에 지나지 않지만, 이름을 붙이고 난 후에야 비로소 '꽃'(김춘수)이 되는 것

---

[77]   '언어가 생각을 결정한다'고 주장한 언어학자. 그의 이론은 스승의 이름을 함께 따 '사피어·워프 가설'로 불린다. 학계의 인정을 받지 못했으나 2000년대 조지 레이코프의 『코끼리는 생각하지 마』를 통해 재조명됐다.

처럼 말이죠.

## 언어가 왜 생각의 밑바탕일까

영화 『엑스 마키나』는 인공 지능과 대화해 사람인지, 아니면 기계인지 맞히는 실험을 하는 장면이 나옵니다. 대화 결과 로봇인 걸 알아채지 못하면 사람과 같은 생각하는 능력이 있다고 결론을 내리죠. 그런데 우리는 여기서 한 가지 중요한 사실을 짚고 넘어갈 필요가 있습니다. 기계와 대화해보고 그 기계가 사람과 별다른 차이가 없다면 생각하는 능력을 갖춘 것으로 봐도 된다는 부분 말입니다. 즉, 인간과 비슷한 언어 능력을 갖고 있으면 생각하는 존재로 봐도 무방하다는 이야기인데 왜 그런 걸까요.

인간의 머릿속에 일어나는 생각이라는 과정은 크게 두 가지로 이뤄집니다. 첫째는 감각을 통한 것이죠. 듣고 보고 맡고 느끼는 것인데, 그중에서도 가장 기본은 시각입니다. 퇴근 후 저녁으로 무엇을 먹을지 생각해보죠. 매콤한 김치찌개를 먹을 수도 있고 깔끔한 샐러드를 택할 수도 있습니다. 머릿속의 생각은 김치찌개와 샐러드의 이미지, 맵거나 달콤한 소스의 향 등입니다. 이처럼 단순한 생각은 시각을 중심으로 청각, 후각 등의 감각이 더해져 이뤄집니다.

그런데 이번엔 다음 주에 어떤 보고서를 쓸지 생각해보죠. 물론 하얀 종이와 컴퓨터 자판이 떠오를 수 있지만, 주된 생각은

언어를 매개로 합니다. 이미지와 동영상, 나아가 냄새와 촉각 등의 역할은 크게 줄어들죠. 언어가 있어야 개념을 정의할 수 있고, 개념이 밑바탕 돼야 논리와 추론이 가능합니다. 즉, 인간만이 할 수 있는 고차원적인 사고의 본질은 언어입니다.

이누이트족의 다양한 '눈snow' 표현으로 예시를 들어보죠. 대부분의 나라에선 눈을 표현하는 단어가 하나지만 이누이트에선 '하늘에서 내리는 눈', '바람에 휩쓸리는 눈', '녹기 시작한 눈', '땅 위에 쌓인 눈', '눈사람처럼 뭉친 눈' 등 각기 다른 뜻을 가진 단어를 갖고 있습니다. 다양한 표현만큼 더욱 세밀하게 세상을 인식할 수 있다는 이야기죠. 농경 생활이 주축인 문화와 거주지를 옮겨 다니는 유목 문화에서 단어와 표현에 차이를 보이는 것도 그 때문이라고 할 수 있습니다.

## 다리에 대한 프랑스인과 독일인의 느낌

여기 한 장의 다리bridge 사진이 있습니다. 이 사진을 만약 프랑스인과 독일인에게 보여주고 직관적으로 떠오르는 심상을 말해보라면 어떨까요. 보통 우리는 이렇게 생각할 것입니다. 예술가의 느낌이 강한 프랑스인은 우아하다, 아름답다 등을 떠올릴 것이고, 반대로 제조업이 강한 독일은 튼튼하다, 견고하다 등의 표현을 생각할 것이라고요.

하지만 결과는 전혀 예상 밖입니다. 오히려 독일인이 아름답다·우아하다 등의 반응을, 프랑스인이 견고하다·튼튼하다 같은 표현을 떠올린다고 합니다. 그 이유는 독일어의 '다리brucke'는 여성 명사이고, 프랑스어의 '다리pont'는 남성 명사이기 때문이죠. 그래서 독일어 다리brucke 앞에는 정관사 'die'(남성은 der)가 붙고 프랑스어 다리pont는 정관사 'le'(여성은 la)가 붙습니다.

말의 어순도 사고방식에 영향을 미칩니다. 한국어에선 '나는 너를 사랑해(주어+목적어+동사)'라고 하지만 영어는 'I love you (주어+동사+목적어)'입니다. 너you와의 관계가 먼저냐, 사랑love이라는 감정이 우선이냐는 거죠. 영어권 사람들이 자신의 생각을 솔직하게 표현하고 감정을 나타내는 것에 익숙한 이유도 이런 영향이 큽니다.

또 한국어의 높임말 문화는 말 자체로 위계 서열이 나뉘죠. 높임말을 쓰는 사람과 낮춤말을 쓰는 사람이 애초부터 동등한 관계일 수 없습니다. 그러나 영어는 여기서 자유롭죠. 어린 소년과 나이 든 할아버지가 대화를 한다고 생각해봅시다. 이들은 서로 이름을 부르며 대화하고, 서로를 친구라 부르기도 합니다. 우리처럼 말을 통해 위계 구조가 생기고, 관계가 수직적으로 결정되지 않는 것이죠. 최근 여러 기업들이 임직원 간에 영어 이름을 부르고 서로 존댓말을 쓰는 것도 그런 이유입니다.

이렇게 언어는 사물의 다양한 심상(心象)을 만들어 사물의 정체성을 만들고, 사람 사이의 위계 구조를 결정하기도 합니다. 언어가 생각의 전부라고 볼 순 없어도 언어가 생각의 상당 부분인 것은 분명한 사실입니다. 그런 이유에서 마르틴 하이데거는 "언어가 존재의 집"이라 했고, 루드비히 비트겐슈타인1889~1951[78]은 "내가 아는 언어의 한계가 내가 사는 세상의 한계"라고 했죠.

## 폭력적인 언어는 전쟁을 부른다

앞서 살펴본 것처럼 인간의 고차원적 생각은 언어를 통해 이뤄집니다. 일단 사물과 그에 대한 심상, 감정 등을 언어로 정의할 수 있어야 합니다. 개념이 정의돼 있어야 그 다음에 명제를 만들 수 있고, 그때부터 논리를 세울 수 있습니다. 그렇지 않다면 합리적인 추론과 연역적 사고를 하기 어렵죠.

[78]  케인즈가 '신'이라고 표현했던 20세기의 천재. 철강 재벌의 막내로 태어났지만 부를 버리고 학문을 택했다. 언어를 철학의 범주에서 집대성했고 "말할 수 없는 것엔 침묵해야 한다"는 『논리철학논고』의 마지막 말로 유명하다.

　물론 머릿속의 상념들을 그림과 조각으로도 표현할 수는 있지만 보는 사람마다 해석이 달라 객관성을 띠기 어렵습니다. 모나리자의 애매한 표정을 보고 누군가는 평안함을, 또 다른 누군가는 슬픔을 생각할 수 있기 때문입니다. 반면 언어는 공통의 기호를 통해 자신의 생각을 표상합니다. 언어가 있어야 개념을 정의할 수 있고, 개념이 밑바탕 돼야 논리적 사고가 가능한 거죠.

　영화 『컨택트』는 지구에 온 외계인의 메시지를 인류가 해석하는 이야기를 다뤘습니다. 미국에선 언어학자 루이스가 외계어와 영어의 유사성을 분석해 대화를 시도하고, 중국은 마작을 이용해 소통합니다. 그런데 루이스는 중국의 방식이 위험하다고 경고합니다. 마작과 체스처럼 승패의 룰이 뚜렷한 도구로 소통하면 적대적인 사고에 빠질 가능성이 크기 때문이죠. "언어는 모든 문명의 초석이지만 모든 싸움의 첫 번째 무기"라는 게 루이스의 설명입니다.

이처럼 잘못된 언어는 폭력과 갈등을 유발합니다. 공격성과 차별을 내포한 히틀러의 언어처럼 말이죠. 퓰리처상 수상자인 평론가 미치코 가쿠타니는 "1930년대 독일에선 (나치) 패거리의 언어가 국민의 언어가 됐다"며 "극우들의 은어, 자기편을 과시하는 표현, 인종 차별·여성 혐오적 언어가 완전히 주류가 돼 일반 정치와 사회 담론으로 들어왔다"고 말합니다(『진실따위는 중요하지 않다』).

바른 언어 사용을 강조하는 이유도 그 때문입니다. 민주주의 사회의 성숙한 시민들이 '깜둥이Negro'와 같은 차별적 표현을 쓰지 않고 장애인의 반대말을 일반인이 아닌 비장애인이라고 부르는 것은 말이 사고와 행동에 미치는 영향이 크다는 것을 잘 알기 때문이죠. 화합의 언어를 쓸 때 우리의 생각도 순화될 수 있습니다.

일상에서도 마찬가집니다. 뉴스 기사와 SNS에 난무하는 각종 비방과 혐오·욕설은 많은 사람에게 상처를 주고 누군가는 극단적 선택을 하게 만듭니다. 궁극적으로는 자신의 성격과 태도에까지 부정적 영향을 미치죠. 영혼의 병듦은 말의 오염에서 시작됩니다. 인지 언어학의 창시자인 조지 레이코프 미국 버클리대 교수는 "새로운 프레임에는 새로운 언어가 있어야 한다, 다른 생각을 하려면 우선 다르게 말할 수 있어야 한다"고 말합니다.

---

**미래 인간의 평균 IQ는 80?**

문명의 발달로 인간의 지능이 계속 높아지고 있다는 이

론이 '플린 효과'입니다. 심리학자 제임스 플린이 1930년대부터 1980년대까지 IQ 추이를 분석해봤더니 10년마다 3점씩 올랐다는 사실을 밝혀냈죠. 물론 이 결과가 50년 사이에 인간의 뇌가 진화했다는 뜻은 아닙니다. 교육을 통한 지적 수준의 상승, 다양한 사회적 관계로 인해 머리 쓸 일이 많아진 점 등의 영향으로 IQ가 높아진 것이죠.

그렇다면 반대로 머리를 적게 쓰면 IQ는 낮아질까요? 당연한 답변이지만 실제로도 그렇습니다. 기술의 발전은 인간의 삶을 편리하게 만들었지만 궁리할 기회는 점점 적어지고 있습니다. 지금 당장 한번 테스트 해볼까요. 스마트폰을 보지 말고 외우는 전화번호가 몇 개쯤 되는지 헤아려보죠. 또 처음부터 끝까지 외울 수 있는 시나 노랫말은 얼마나 되나요. 운전도 마찬가집니다. 예전엔 잘만 찾아다니던 길도 요즘엔 내비게이션이 없으면 좀처럼 나서기 어렵습니다. 이전엔 척척 해냈던 암산도 요새는 어렵기

그지없습니다.

물론 머릿속에 외워둔 정보가 많고, 계산기 없이 사칙 연산을 잘한다고 머리가 똑똑한 것은 아닙니다. 그러나 우리가 부정할 수 없는 사실 한 가지는 과거에 비해 현대인들이 머리를 적게 쓰고 있다는 것이죠. 실제로 2018년 노르웨이의 라그나르프리쉬 경제연구소는 1990년대 초반에 태어난 사람들이 1970년대 중반에 출생한 이들보다 평균 5점가량 낮다고 밝혔습니다. 아울러 100년 후에는 평균 IQ가 84점 정도가 될 것이라고 예측했죠.

IQ가 낮아지는 것은 텍스트를 경시하는 풍조와 큰 연관이 있습니다. 앞서 인간의 언어 능력이 곧 사유 능력이라는 점을 살펴봤는데요, 언어를 얼마나 잘 활용하느냐는 지능에도 큰 영향을 미칩니다. 특히 말보다는 글이 그런 역할을 더 많이 하죠. 어린아이도 말은 쉽게 할 수 있지만 글을 잘 쓰기 위해선 훈련과 노력이 필요합니다. 머릿속에 떠오르는 상념들을 개념으로 잡아내고, 이를 논리적으로 응축해 표현해내는 것이 글입니다. 실제로 인간 문명이 급속도로 발전할 수 있던 것은 문자와 인쇄술의 발명 이후부터였고요.

진중권 씨가 쓴 『테크노 인문학의 구상』이란 책에는 흥미로운 사례가 나옵니다. 러시아의 알렉산드르 루리야Alexander Luria가 1917년 볼셰비키 혁명 직후 농촌 마을을 관찰하며 얻은 연구 결과입니다. 그곳에는 문맹인 사람들이 꽤 많았는데 루리야는 여기서 놀라운 사실을 알게 됩니다. 글을 쓸 줄 아는 사람과 그렇지 못한 사람들의 사고방식이 아주 다르다는 것이었죠.

보통 사람들에게 망치와, 도끼, 톱 같은 것을 보여주면 '연장'을 떠올립니다. 공통점을 찾아 하나로 묶는 추상 능력을 갖고 있기 때문이죠. 그런데 루리야가 관찰한 농촌 사람들은 추상 능력이 부족했습니다. 위 연장들을 보여주면 "톱은 나무를 썰고, 도끼는 통나무를 가르죠. 굳이 내게 어느 쪽을 버리라고 한다면 도끼가 될까요"처럼 어수선한 이야기를 하곤 했습니다.

논리의 기본인 삼단 논법[79]도 통용되지 않았습니다. 예를 들어 '북극의 곰은 모두 하얗다, 우리가 살고 있는 곳은 북극이다,

---

[79] 아리스토텔레스가 그 이론적 기초를 만들었다. 대전제와 소전제를 통해 결론을 맺는 구조다. 가장 많이 드는 예로 '인간은 모두 죽는다(대전제) 소크라테스는 인간이다(소전제) 따라서 소크라테스는 죽는다(결론)'가 있다. 대전제는 인간과 죽음 사이의, 소전제는 인간과 소크라테스 간의, 결론은 소크라테스와 죽음의 관계를 말한다.

우리 동네의 곰은 무슨 색일까'라고 물어보면 보통의 어린아이도 흰색이라고 답할 수 있습니다. 그러나 이곳 사람들은 이런 추리를 할 수 없었습니다. 즉 개념을 정의하고 범주화하는 추상 능력, 개념 간의 관계를 기술해 명제를 만들고 이들 간의 인과성을 따지는 추론 능력은 저절로 주어진 것이 아니란 뜻입니다. 언어, 특히 글을 통해 계발되는 것이죠.

그러나 요즘 시대는 책과 글자 대신 이미지와 동영상이 우선입니다. 젊은 세대일수록 텍스트보다 시청각 이미지를 선호하죠. 요즘 아이들은 무언가를 찾아볼 때 검색 사이트를 이용하기보다는 유튜브로 동영상을 찾는 데 익숙합니다. 문자와 SNS에 길들여져 단문 중심으로 소통하고 장문의 글이나 책은 읽기 힘들어하죠. 요즘엔 대학생들조차 신문 기사 정도의 글을 읽는 것도 어렵게 느끼는 경우가 많다고 합니다. 앞으로 인간은 점점 머리 쓸 일이 없어질 것입니다. 물론 텍스트를 다룰 일도 훨씬 줄어들 테고요. 미래엔 정말 인간의 지능이 지금보다 훨씬 낮아질지도 모릅니다.

영화 『이디오크라시』는 바보에 가까웠던 한 남성이 냉동 인간 상태로 있다 500년 후 깨어나서 천재가 된다는 내용을 담고 있습니다. 주인공이 똑똑해진 게 아니고, 미래의 인류가 멍청해졌기 때문입니다. 기술의 발달로 인간은 머리 쓸 일이 줄어들고, 사회가 복잡해질수록 스트레스가 늘면서 똑똑한 여성들은 출산을 꺼립니다. 그 탓에 인류의 평균 지능이 80으로 떨어졌다는 설정입니다. 영화는 블랙 코미디로 미래 사회를 그렸지만, 현실이 될까 걱정되는 것은 왜일까요?

## 인공 지능과 언어 학습

SF 작품엔 유달리 디스토피아를 그린 영화나 소설이 많습니다. 인공 지능이 만든 가상 현실에 갇혀 생체 배터리로 전락한 『매트릭스』나 로봇 군단이 인간을 억압하는 『터미네이터』 모두 어둡고 암울한 미래를 그렸습니다. 이들의 공통점은 인간을 위해 쓰여야 할 인공 지능과 로봇이 어느 순간 돌변해 문명을 파괴하고 인류를 지배한다는 이야기입니다. 우리의 미래는 정말 암울할까요?

안타깝지만 그렇습니다. 우리가 큰 변화를 이뤄내지 못한다면 말이죠. 수만 년 전 사피엔스가 네안데르탈인을 멸종시킨 것처럼 인간에겐 파괴 본능이 내재해있죠. 인류 역사의 수많은 전쟁과 약탈, 침략이 이를 잘 말해줍니다. 정의와 진리의 이름으로 행해진 그 많은 폭력은 사실상 인간의 욕심과 열망 때문이었습니다. 지구상의 그 어떤 종도 동족을 노예로 부리고 학대하지 않습니다.

더 큰 문제는 인공 지능이 인간의 이런 어두운 모습까지 그대로 학습한다는 것입니다. 앞서 살펴봤듯 인공 지능은 빅 데이터를 통해 지적 역량을 키웁니다. 이때 알고리즘은 가장 효율적인 방법으로 해법을 찾고 지식으로 축적하는데, 여기에는 큰 맹점이 있습니다. 포탈에서 감쪽같이 내가 좋아하는 쇼핑 목록을 보여주고 관심 있는 뉴스를 추천해주듯, 기존의 패턴을 반복합니다. 평소 자신이 가진 생각과 취향만 더욱 강화되는 것이죠. 바로 '확증 편향'입니다. 확증 편향은 장기적으로 개인의 주관과 인식을 왜곡시켜

보편적인 것에서 멀어지게 만듭니다. 나중엔 자기 것만 옳다고 여겨 '다른' 것을 '틀린' 것으로 간주하죠.

이때 인공 지능의 학습 재료인 빅 데이터는 대부분 언어로 이뤄져 있죠. 우리가 무심코 내뱉은 말과 글이 온라인상을 떠돌며 이들 하나하나가 인공 지능의 지적 능력을 구성하는 요소가 됩니다. 지금처럼 온갖 욕설과 혐오, 차별의 언어가 온라인을 가득 채우고 있는 상황이라면 인공 지능 역시 그런 사고방식을 가질 수밖에 없을 것입니다. 언어가 곧 사고를 지배하기 때문이죠.

그렇다면 우리는 어떻게 해야 디스토피아를 막을 수 있을까요? 인간 스스로 더욱 높은 시민의 교양과 지혜를 갖춰야만, 인간을 따라 배우는 인공 지능 역시 파괴적이지 않을 수 있습니다. 제일 먼저 다른 것을 틀린 것으로 간주하고 본인 생각만 옳다고 강조하는 지나친 '자기 확신'부터 버려야 합니다. 자신과 다른 의견을 마치 '적'을 대하듯 하고, 내 생각과 다르면 모두 '거짓'으로 모는 행태는 타인을 괴롭게 할 뿐만 아니라 자신의 영혼까지 갉아먹습니다. 차별과 배제의 언어는 인간의 영혼뿐 아니라 인류의 미래까지 어둡게 만듭니다. 우리가 다음 세대에게 물려줘야 할 유일한 유산을 하나 꼽으라면, 그것은 바로 품격 있는 언어입니다.

## 병든 용으로 전락했던 중국

문명이 시작된 이후 인류 역사에서 중국은 단 한 번도 초강
대국의 자리를 내준 적이 없습니다. 17세기 서구 과학 혁명 이후
근현대에 이르기까지의 300여년의 시간을 제외하고 말이죠. 기원
후 2000년간 세계 각국의 경제를 연구한 유명 경제 사학자 앵거
스 매디슨[80]의 보고서에 따르면 과거 중국이 얼마나 경제 대국이
었는지 알 수 있습니다.

일단 1000년 전으로 시계 바늘을 돌려보죠. AD 1000년
중국의 인구는 5900만 명으로 유럽 30개 국가를 합친 것(2556만
명)보다 많았습니다. 무려 2배가 넘었죠. 당시 일본 인구는 750만
명, 미국은 130만 명에 불과했고, 전 세계 인구(2억6000만 명) 중 중
국인이 차지하는 비율은 22.7%였습니다.

GDP(기어리-카미스 달러[81] 기준) 규모가 중국은 274억 달러

---

[80]  앵거스 매디슨Angus Maddison. 1926~2010. 2000년간 세계 경제사를 연구한 인물.
매디슨을 따랐던 경제학자들은 그의 사후에도 '매디슨 프로젝트'라 불리는 거시 경제
사 연구를 계속했고, 2000년간 전 세계 대륙과 주요 국가의 경제 성과를 기술했다.

[81]  기어리-카미스 달러Geary-Khamis dollar는 국제 경제에서 구매력을 기준으로 가치를
비교할 때 쓰인다. 주로 1990년 물가를 달러로 환산해 각국의 경제력을 평가한다.

로 유럽 30개국을 합친 것(109억 달러)보다 훨씬 컸습니다. 일본(31억 달러)의 9배, 미국(5억 달러)의 55배에 달했죠. 1인당 GDP도 중국(466달러)이 유럽 30개국(427달러)보다 높았습니다. 즉, 국가의 경제력을 좌우하는 주요 요인인 인구와 1인당 GDP 모두 중국이 유럽을 압도했습니다.

　그러나 500년이 지난 후 유럽은 대항해 시대가 본격화되면서 중국을 바짝 추격하기 시작합니다. 인구(5726만 명)와 GDP(441억 달러) 모두 중국(1억300만 명, 618억 달러)에 뒤지긴 했지만, 1인당 GDP에서 유럽 30개국(771달러)이 중국(600달러)을 앞섰죠. 그러나 중국은 여전히 막대한 경제력과 인구로 초강대국의 지위를 유지했습니다. 당시 선진국 반열에 오른 일본(500달러)보다 1인당 GDP가 100달러나 높았고 인구(일본 1540만 명)도 월등히 많았으니까요.

　하지만 서구 유럽은 16세기 대항해 시대를 통해 전 세계의 무역로를 개척하고 17세기 과학 혁명과 18세기 산업 혁명을 거치며 비약적인 경제 발전을 이룩합니다. 반대로 중국은 실리보다 명분을 따지는 주자학적 교리가 중심이 돼 성장이 더디었고요. 그러면서 아편 전쟁과 같은 서구와의 전쟁에서 굴욕적인 패배를 겪으며 병든 용으로 전락합니다.

**주요 국가의 시대별 GDP(기어리-카미스 달러)**

| 연도 | 항목 | 유럽 30개국 | 중국 | 일본 | USA |
|------|------|------------|------|------|-----|
| 1000 | 인구 | 2556만 | 5900만 | 750만 | 130만 |
| | GDP | 109억 | 274억 | 31억 | 5억 |
| | 1인 GDP | 427 | 466 | 425 | 400 |
| 1500 | 인구 | 5726만 | 1억300만 | 1540만 | 200만 |
| | GDP | 441억 | 618억 | 77억 | 8억 |
| | 1인 GDP | 771 | 600 | 500 | 400 |
| 1950 | 인구 | 3억562만 | 5억4681만 | 8380만 | 1억5227만 |
| | GDP | 1조3962억 | 2449억 | 1609억 | 1조4559억 |
| | 1인 GDP | 4569 | 448 | 1921 | 9561 |

그 결과 1950년 유럽 30개국(1조3962억 달러)과 중국(2449억 달러)의 GDP 차이는 어마어마하게 벌어졌습니다. 1인당 GDP는 유럽 30개국(4569달러)이 중국(448달러)의 10배나 됐죠. 한때 조공국이었던 일본(1921달러)보다도 훨씬 못 사는 나라가 됐습니다. 심지어 아프리카 대륙 평균(889달러)보다도 낮았죠.

1950년 당시 세계 경제에서 인상적인 또 한 가지는 미국의 급부상입니다. 미국의 인구는 1억5227만 명으로 유럽 30개국

(3억562만 명)의 절반에 불과했지만 GDP 규모(1조4559억 달러)는 유럽 30개국(1조3962억 달러)보다 높았습니다. 그로 인해 1인당 GDP는 미국(9561달러)이 유럽을 훨씬 앞서는 상황이 됐죠.

이처럼 인류사 전반에서 최강대국의 자리를 차지했던 중국은 과학 혁명을 전후로 서구에 밀렸습니다. 프롤로그에서 이야기했던 것처럼 문명 발전에 있어 가장 결정적인 변수는 과학입니다. 자연의 원리를 탐구하는 과학과 이를 실생활에 활용한 기술의 발전은 물질적 혁명의 토대를 이루고, 여기에 과학적 사고방식을 통한 제도의 발전이 얹어지면서 문명의 도약이 이뤄지는 것이죠.

## 조선·일본의 운명을 가른 과학과 기술

비슷한 시기 조선과 일본의 관계도 중국과 유럽의 사례와 비슷했습니다. 세종 때 장영실과 같은 인물의 활약으로 조선의 과학 기술은 높은 수준을 유지했지만, 이후 주자학적 교리에 빠져 발전이 더뎠습니다. 오직 명나라와의 조공 관계에 몰두해 고려 시대와 같은 개방 정책은 찾아보기 어려웠죠.

임진왜란1592년이 있기 전인 1500년 일본의 GDP는 77억 달러로 조선(48억 달러)의 1.6배였습니다. 당시 일본의 인구는 이미 조선보다 2배 이상의 규모였기 때문에 개개인의 평균 생활 수준은 조선이 높았다고 추정할 수 있습니다. 그러나 16세기 전국 시대의 일본은 다이묘들이 군사 경쟁을 벌이면서 서양으로부터 신무기를 앞 다퉈 도입했습니다. 그러면서 자연스럽게 서구와의 교역을 통해 선진 문물을 수입했죠.

대표적인 사람이 오다 노부나가[82]입니다. 1575년 나가시노 전투에서 그는 전국시대 최고의 실력자 다케다 신겐의 아들 다케다 가쓰요리와 맞붙었습니다. 당시 가쓰요리의 기마대는 전국

---

[82] 오다 노부나가(1534~1582)는 100년 간 지속된 일본의 전국시대를 평정한 인물이다. 다이묘의 아들로 태어나 어릴 적부터 기행을 일삼았지만, 영특한 머리와 카리스마 넘치는 지도력으로 다른 다이묘들을 제압하고 패자가 됐다. 그러나 천하통일을 눈앞에 두고 방심한 사이 가신들의 배신으로 목숨을 잃고 만다. 그때 그의 나이 49세였다. 하지만 그의 휘하에 있던 도요토미 히데요시, 도쿠가와 이에야스가 차례로 일본의 최고 권력을 쥐게 되면서 일본 역사의 가장 중요한 인물 중 하나로 평가받는다. 일본에선 세 사람의 성격을 다음과 같이 비유한다. 두견새가 울지 않을 때 노부나가는 칼로 베어 버리고, 히데요시는 무슨 수를 써서라도 울게 만들며, 이에야스는 울 때까지 기다린다. 실제로 노부나가는 불 같은 성격으로 난세를 평정했고, 히데요시는 수단 방법을 가리지 않고 권력을 쟁취하고 지켰다. 결국 가장 침착하고 주도면밀했던 이에야스가 최종 승자가 돼 에도 막부 시대를 열었다.

최강이었죠. 하지만 노부나가는 최신 병기였던 조총[83] 3000자루로 3진 사격 전법을 활용해 무너뜨렸습니다. 1진이 총기를 발사하고 장전하는 동안 2·3진이 차례로 사격하고 다시 1진이 나서는 방식입니다.

훗날 노부나가의 가신으로 그의 뒤를 이은 도요토미 히데요시[84]도 조선 침략 때 조총으로 무장한 육군을 출병시켰죠. 임진왜란이 일어나고서야 실제 전투에서 조총을 처음 접한 조선은 무참히 깨질 수밖에 없었습니다. 당시 탄금대 전투를 앞둔 신립과 류성룡의 설전은 매우 유명한 일화입니다.

『징비록』에 따르면 류성룡은 "예전에는 왜적이 창·칼만 믿고 싸웠지만 지금은 조총 같은 우수한 병기가 있으니 가볍게 생

---

[83]  조총은 서양식 장총을 낮춰 부르는 표현이다. 말 그대로 '새 잡는 무기'라는 뜻이다. 조정에서 처음 조총의 실물을 본 것은 1591년 황윤길이 일본에서 돌아오면서였다. 그는 대마도주로부터 토총 2정을 받아 왕에게 바치며 전쟁에 대비해야 한다고 했다. 그러나 황윤길과 함께 일본을 탐방하고 온 김성일은 선조에게 전쟁 가능성은 없다고 보고했다. 당시 조정은 김성일과 같은 동인 세력이 장악하고 있었기 때문에 황윤길의 의견은 묵살됐다. 그리고 이듬해 역사상 가장 수치스런 전쟁 중 하나인 임진왜란이 터졌다.

[84]  도요토미 히데요시(1537~1598)는 평민으로 태어났지만 오다 노부나가의 가신으로 들어가 전국을 통일한 입지전적 인물이다. 임진왜란을 일으켜 한국의 입장에선 달가운 인물이 아니지만 일본에선 영웅으로 통한다. 1558년 노부나가를 섬기기 시작해 전공을 세웠고, 노부나가를 죽인 배신자를 처단하며 권력을 장악했다. 임진왜란이 끝난 이듬해(1598년) 죽었다.

각할 일이 아니다"고 경고합니다. 그러나 신립은 "비록 조총이 있다고는 하나 그 조총이라는 게 쏠 때마다 사람을 맞힐 수 있겠냐"며 자만한 모습을 보이죠.

1592년 4월 부산에 상륙한 왜군이 파죽지세로 밀고 올라오자[85] 선조는 당대 최고의 무장이었던 신립에게 군주의 상징인 상방검(尙方劍)을 하사하며 전권을 위임했습니다. 고니시 유키나가(소서행장)의 선발대가 충주 인근에 다다르자 책사들은 조령에 진을 치고 적군을 함정에 빠트리자고 제안합니다. 그러나 신립은 날쌘 기마대로 일거에 무찔러야 한다며 평야 지대인 탄금대에 진을 쳤죠. 결론은 조선의 대패였습니다. 신립 본인조차 이 전투에서 목숨을 잃었고요. 노부나가에 맞섰던 가쓰요리의 패배와 같은 수순이었습니다.

이처럼 16세기 일본은 전쟁을 통해 비약적인 발전을 이룹니다. 그 배경에는 선진국으로부터 과학과 기술을 적극 도입한 개

---

[85] 1592년 4월 부산포로 쳐들어온 왜군은 도성(한양) 함락까지 불과 20일밖에 걸리지 않았다. 왜군이 이렇게 빨리 도성에 도착할 수 있던 것은 조선 육군의 재래식 무기로 신무기인 조총을 상대할 수 없었기 때문이다. 당시 조선은 화포술이 발달했지만, 이동이 쉽지 않아 육지에서의 기동전엔 적용하기가 어려웠다. 반면 이순신이 이끄는 수군은 왜군의 배보다 규모도 크고 화포의 성능도 높아 전장에서 우위를 점할 수 있었다.

방 정책이 있었고요. 임진왜란이 끝난 뒤에도 실리보다 명분을 좇던 조선과 실사구시를 전면에 내세웠던 일본의 경제 격차는 더욱 커졌습니다. 1.6배였던 GDP 차이가 1700년 2.1배(154억 달러, 73억 달러), 1820년 2.5배(207억 달러, 82억 달러)로 벌어졌죠.

19세기 후반 서양 열강들의 동아시아 침략이 노골화된 상황에서도 조선과 일본은 다른 길을 걸었습니다. 메이지 유신을 통해 적극적인 개방 정책을 편 일본과 쇄국 정책으로 일관한 조선의 미래는 극명하게 갈렸죠. 조선은 수백 년 간 사대했던 중국의 뒤를 좇아 쇠망의 길로 들어섰고, 결국 나라를 빼앗기는 비극을 겪게 됩니다.

물론 제국주의의 길을 걸어간 일본의 방식이 옳은 것은 절대 아닙니다. 그러나 적극적 개방 정책으로 새로운 문물을 들여와 발전시킨 일본의 대응은 긍정적으로 평가할 만합니다. 일본은 서구 국가들처럼 스스로 과학 혁명을 일으킨 것은 아니었지만, 발 빠르게 선진 과학 기술을 수입하면서 빠르게 경제를 성장시키고 국력을 키웠습니다.

한국 전쟁이 끝난 이후 대한민국도 비슷합니다. 능동적인 대외 정책으로 '수출만이 살 길'이라며 무역에 힘썼고 앞선 나라의 기술을 들여와 우리 것으로 체화했습니다. 그 결과 '한강의 기적'이라 불리는 경제 성장을 이루고 반세기만에 선진국 반열에 올라섰죠. 한국을 발전시킨 요인은 여러 가지가 있겠지만 그 핵심 중 하나가 과학 기술이라는 점은 부인할 수 없는 사실입니다.

## 과학에는 민주주의가 필요하다

르네상스부터 대항해 시대, 과학 혁명으로 이어지는 서구의 도약에도 나라마다 격차가 있었습니다. 1000년부터 1500년까지 서유럽의 경제 수준은 국가별로 비슷했습니다. 프랑스, 독일, 영국, 네덜란드 네 나라의 1인당 GDP는 1000년 400달러를 조금 넘었고 1500년에는 700달러 내외였죠.

그러나 1600년부터 격차가 벌어지기 시작합니다. 프랑스와 독일의 성장 속도는 더딘 반면, 영국과 네덜란드는 빨랐습니다. 특히 네덜란드의 경제성장이 눈부셨습니다. 1600년 네덜란드(1381달러)는 프랑스(841달러)·독일(791달러)을 멀찌감치 앞서 나가기 시작해 1700년엔 2130달러로 프랑스·독일(910달러)의 2배가 넘었습니다. 200년 동안 프랑스가 183달러 늘어날 때 네덜란드는 무려 1369달러나 증가했습니다. 같은 기간 독일도 212달러 증가하는데 그쳤죠. 국경을 마주한 이 나라들 사이에서 도대체 무슨 일이 있던 것일까요.

**1인당 GDP(기어리-카미스 달러)**

| 연도 | 프랑스 | 독일 | 네덜란드 | 영국 |
|------|--------|------|----------|------|
| 1000 | 425 | 410 | 425 | 400 |
| 1500 | 727 | 688 | 761 | 714 |
| 1600 | 841 | 791 | 1381 | 974 |
| 1700 | 910 | 910 | 2130 | 1250 |
| 1820 | 1135 | 1077 | 1838 | 1706 |

스페인의 통치를 받던 네덜란드는 1566년 독립 전쟁을 일으켜 1579년 독립 선언을 합니다. 오래전부터 네덜란드는 전 국토의 4분의 1이 해수면보다 낮아 다른 유럽 국가에 비해 척박한 환경을 갖고 있었죠. 네덜란드라는 국명 자체도 '낮은 땅'이라는 뜻입니다. 넓은 평야를 가진 프랑스와 달리 곡물을 경작하기 어려

웠던 네덜란드는 일찍부터 상업이 발달하고 해상 교역에 신경 썼습니다. 전국시대 일본이 일찌감치 문호를 개방한 나라도 네덜란드였죠.

특히 『하멜 표류기』로 알려진 헨드릭 하멜도 네덜란드인이었습니다. 그는 네덜란드 동인도회사의 선원으로 일본 나가사키로 가던 중 1653년 태풍을 만나 제주도에 표류했습니다. 앞서 조선인으로 귀화한 네덜란드인 박연[86]이 한양으로 그를 데려와 효종에게 소개했고, 이후 하멜은 훈련도감에 있던 박연 밑으로 들어가 무기 개발 등의 업무를 맡았습니다. 17세기 조선에선 '서양인=네덜란드인'이었다 해도 무방합니다.

이처럼 17세기 네덜란드는 전 세계와 교류하며 다양한 문물을 전파하고 또 들여왔습니다. 특히 당시 유럽의 다른 나라들과 달리 농민들은 영주의 속박으로부터 자유로웠고, 개신교에 대한 종교적 박해도 없었습니다. 그렇다 보니 가톨릭의 압박을 피해 네덜란드로 이주한 프로테스탄트가 많았죠. 유능한 인재와 다양한

---

[86]  박연은 인조 때 조선인으로 귀화한 네덜란드인이다. 본명 얀 야너스 벨테브레이(Jan. Janse. Weltevree)로 1627년 일본으로 가던 중 태풍에 떠밀려 제주에 왔다. 조선에 귀화해 훈련도감에서 공직을 맡아 무기 제조 등의 업무를 담당했다.

물자와 신기술이 몰리며 네덜란드는 번영을 구가했습니다.

이처럼 네덜란드는 세계 곳곳을 누비며 실사구시의 정신을 꽃 피웠고, 학문과 예술도 덩달아 발전했습니다. 그 결과 17세기 네덜란드는 렘브란트(화가), 스피노자(철학자)와 같은 걸출한 인물들을 배출합니다.

또 오늘날 세계 최고의 도시 뉴욕도 네덜란드가 처음 개척한 도시였죠. 맨해튼 섬 일대를 신대륙의 네덜란드 식민지인 뉴네덜란드의 수도로 정하고, 뉴 암스테르담이라고 이름을 지었습니다. 이곳은 훗날 영국에 도시를 빼앗기고 뉴욕이란 이름으로 개칭하기 전까지 상업의 중심지 역할을 했습니다.

18세기 이후 영국이 패권 국가로 성장한 후에도 네덜란드는 유럽에서 가장 잘 사는 나라였습니다. 상대적으로 군사력이 약해 영국과 그 이후 등장한 제국주의 열강들 사이에선 두각을 나타내지 못했지만, 네덜란드는 관용과 개방, 다양성의 정신을 바탕으로 일류 국가가 됐죠.

이처럼 국가가 발전하기 위해선 개방과 관용의 문화가 밑바탕이 돼야 합니다. 다양한 의견을 수용할 수 있는 포용성이 있어야 과학과 기술 등 학문이 발전할 수 있고, 과학적 사고가 그 사회의 지배 이데올로기로 자리 잡아야 문명이 도약할 수 있습니다. 20세기 초반 이후 미국의 팍스 아메리카나가 지속된 이유도 전 세계의 인재가 몰려드는 곳이었기 때문입니다.

빅뱅 이론을 처음 제안한 조지 가모프와 원자 폭탄의 아버지 엔리코 페르미는 각각 스탈린과 무솔리니의 독재를 피해 미국으로 망명한 경우였죠.

당시 소련은 이데올로기에 학문 연구를 꿰맞춘 '프롤레타리아 과학'으로 학자들의 자율성과 다양성을 억압했습니다. 아인슈타인 같은 과학자와 한나 아렌트 같은 지식인이 나치를 피해 미국으로 간 것도 같은 이유였습니다.

"학자의 창의성과 독립성을 보장하기 위해 과학에는 민주주의가 필요하다"는 제이콥 브로노우스키(『과학과 인간의 가치』)의 말처럼, 민주주의의 기본 정신인 사상·비판의 자유, 이를 받아들이는 성찰적 지혜가 있어야만 과학이 꽃을 피울 수 있는 것이죠. 국가의 토대를 이루는 사회 전반의 의식과 문화가 민주적이지 않다면 과학은 발전하기 어렵습니다.

과학 혁명 직전의 유럽은 이탈리아 도시 국가들을 중심으로 자유로운 교역이 성행했고, 이후 포르투갈과 스페인이 문을 연신항로 개척으로 다양한 기술과 문화가 교류됐습니다. 또 직전 시대의 르네상스 정신은 인간의 창의성과 자율성을 바탕으로 인문의 꽃을 화려하게 피웠습니다. 자유와 다양성, 개방과 관용이라는 민주적 가치들이 사회 전반에 확산되면서 과학 혁명의 토대를 만든 것입니다.

요컨대 과학이 발전하려면 모든 사람이 자유롭게 자신의 생각을 이야기하고, 그 생각들이 존중받으며 합리적인 대안으로 발전될 수 있는 문화적 토양이 필요합니다.

고대 아테네의 폴리스는 다양성과 관용이 인정받는 사회였기 때문에 화려한 문명을 발전시켰습니다. 만일 당시 정치 체제였던 민주주의에 반하는 철인 정치를 이야기한 플라톤을 잡아 가두고 처벌했다면 플라톤의 철학은 세상의 빛을 보지 못했을 수도 있습니다.

또 마르크스와 엥겔스의 사회주의 이론이 '반공'이 서슬 퍼렇던 1960·70년대 한국에서 나왔다면 곧장 국가 보안법에 걸려 쇠창살에 갇혔을 것입니다. 만약 마르크스주의가 나오지 않았다면 시장 경제의 모순을 바로잡고 자본주의를 더욱 성숙시켜 복지 국가로 나아갈 수 있는 초석을 다지지 못했겠죠. 또 19세기 신생 독립국인 미국이 유럽처럼 신분 질서를 공고히 유지하고 종교에 대한 엄격한 믿음으로 사회를 통제했다면 서부 개척 시대의 '아메리칸 드림'도 없었을 것이고요.

## 과학적으로 사회학하기

현대 사회학의 거장인 C. 라이트 밀스는 '사회학적 상상력'을 강조했습니다. 사회학적 상상력은 현상의 이면에 숨어있는 문제의 본질을 찾아가는 출발점입니다. 최근 20대에서 뚜렷한 젠더 갈등 문제를 예로 들어보죠. 그 이전의 어떤 세대보다 평등한 제도와 문화 속에서 자랐지만 남녀 갈등이 첨예합니다. 이는 단순히 20대만의 문제일까요.

이면의 본질엔 그들의 부모인 586세대의 사회 자본 독점과 남녀 평등이라는 시대적 흐름을 제때 따라오지 못한 문화지체가 자리 잡고 있습니다. 부동산 획득부터 고용 안정 등 아버지 세대에게 유리한 사회 구조 안에서 아들 세대는 여러 박탈감을 느낍니다. 20대는 과거와 달리 얻을 수 있는 사회적 자본과 기회가 매

우 한정돼 있죠.[87]

특히 아버지 세대에서 여성은 경쟁자로 인식되는 경향이
덜 했습니다. 여성의 대학 진학률이 낮았고, 취업과 이후 승진 등
에 있어서도 남성이 절대 우위를 차지했기 때문이죠. 하지만 지금
의 20대 남성은 어릴 적부터 여성과 동등한 경쟁 속에 살아왔습니
다. 심지어 학교 성적 등은 여학생이 높은 경우가 더 많죠.

하지만 우리 사회에선 20대 남성들에게 여전히 전통적 성
역할 관념에 따른 생계 부양자의 책무가 적용되고 있습니다. 불평
등 사회의 혜택을 받은 것은 아버지 세대인데, 왜 아무것도 받지

---

[87] 김정훈 등이 쓴 『386세대 유감(2019)』에 따르면 각 시대의 1인당 GDP와 비교한 청년
노동의 상대적 가치는 60년대생이 120.3%로 가장 높고, 70년대생 108.6%, 80년대생
77.9%다. 청년 시기의 실업률은 60년대생이 3.5%로 가장 낮고, 70년대생 5.7%, 80
년대생 9.2%다. 등록금 대비 졸업 후 평균 소득으로 따진 대학 졸업장의 가치는 65년
생이 22.3배, 75년생 19.7배, 85년생 12.3배다. 자산 격차의 큰 원인이 되는 부동산 문
제도 예외는 아니다. 서울시 아파트를 사는 데 걸리는 시간은 65년생 10.1년, 75년생
15.8년, 85년생 16년이다. 즉, 586세대는 그 이후의 어떤 세대보다 청년 당시 임금 수
준이 높았고 대학 졸업장의 가치가 컸으며, 사회 초년생 당시 월급도 많이 받아 저축
하기에도 용이했다. 상대적으로 집값도 쌌기 때문에 서울의 아파트를 구매하는 데 있
어서도 훨씬 짧은 시간이 걸렸다. 이를 90년대생과 직접 비교해보면 소득 대비 전세금
비중이 586세대는 18배, 90년대생은 49배로 지금의 20대가 훨씬 높다. 대기업과 중소
기업의 임금 격차는 각각 39만원, 190만원이다. 소득 대비 대출 비중은 각각 19%와
33%이다. 이처럼 지금의 20대는 부모 세대와 비교해 같은 연령대를 기준으로 훨씬 힘
든 청년 시절을 보내고 있다.

못한 자신이 가계의 책임을 지고 병역과 같은 의무만 져야 하는 지 항변합니다.

반대편에 선 여성들 또한 불평등이 완전히 사라졌다고 느끼지 못합니다. 처음 입사하는 단계까지는 젠더의 장벽이 과거에 비해 많이 사라졌지만, 30대 이후 본격적인 사회 생활을 시작하면서는 여전히 유리 천장이 존재하기 때문이죠. 특히 출산과 함께 육아의 1차적 책임이 여성에게 전가되면서 자연스럽게 경력 단절 등의 현상을 겪게 됩니다.

이와 같이 20대 남녀가 첨예한 갈등을 겪고 있고, 정치 성향에서도 극단적 대립을 보이는 현상의 이면에는 아버지 세대의 사회적 자본 독점과 문화지체라는 본질적 원인이 자리 잡고 있습니다. 그저 겉으로 드러난 현상만 보고 '더욱 개방적이어야 할 20대가 왜 젠더 갈등이 심한 거야' 하고 묻는다면 문제의 본질을 파악할 수도 없고, 그렇기 때문에 올바른 해결책도 제시할 수 없습니다.

그렇기 때문에 우리는 어떤 현상을 바라볼 때 그 뒤에 숨은 진짜 원인을 '사회학적 상상력'으로 찾아내야 합니다. 사회학적 상상력은 '과학적으로 생각하기'와 다르지 않습니다. 즉, 드러난 사실을 객관적으로 살펴보고 이성적으로 가설을 세운 뒤에 합리적으로 검증하는 것이 과학이라면, 사회학은 일련의 사건과 현상에서 경향성을 찾아내 일반화하고, 그 뒤에 숨은 구조적 요인을 밝혀내 문제를 해결하는 것입니다.

그러나 요즘 시대에는 과학과 사회학의 설 자리가 점점 좁아지고 있습니다. 진영 논리에 젖어 어느 한편의 사실만 진실이라고 우기거나, 확증 편향에 빠져 자신의 편견만 더욱 강화시키는 일이 많기 때문이죠. 눈을 감고 코끼리의 일부분만 만져보고 자신이 만진 부위를 코끼리의 전체라고 생각하는 것이 일반화 돼 있습니다.

우리가 과학을 공부하는 것은 앞으로의 생존에 필요한 최소한의 과학적 지식을 얻기 위해서이지만, 한편으로는 과학적으로 생각하는 법을 배우기 위함이기도 합니다. 그리고 그 시작은 '지적 겸손'을 갖는 일입니다. 편견과 독선에 사로잡히지 않도록 늘 이성적으로 사고하고 합리적으로 판단하도록 노력해야 합니다. 이런 습관이 우리 몸에 한층 더 스며들 수 있기를 기원하면서 책을 마칩니다. 고맙습니다.

"선지자를 두렵게 여겨라. 그리고 진리를 위해서 죽을 수 있는 자를 경계하라. 진리를 위해 죽을 수 있는 자는 대체로 많은 사람을 저와 함께 죽게 하거나, 때로는 저보다 먼저, 때로는 저 대신 죽게 하는 법이다."

- 움베르트 에코의『장미의 이름』

# 보통의
# 우리가 알아야 할
# 과학

| | |
|---|---|
| **1판 1쇄 발행** | 2020년 9월 15일 |
| **1판 2쇄 발행** | 2020년 10월 20일 |
| **지은이** | 윤석만 |
| **발행인** | 정욱 |
| **편집인** | 황민호 |
| **본부장** | 박정훈 |
| **책임편집** | 김순란 |
| **마케팅** | 조안나 이유진 |
| **국제판권** | 이주은 |
| **제작** | 심상운 |
| **발행처** | 대원씨아이㈜ |
| **주소** | 서울특별시 용산구 한강대로15길 9-12 |
| **전화** | (02)2071-2017 |
| **팩스** | (02)749-2105 |
| **등록** | 제3-563호 |
| **등록일자** | 1992년 5월 11일 |
| **ISBN** | 979-11-362-4730-8 03400 |